舌尖上的异域风情

晨曦暖阳 著

满足您对美味的一切想象
令人垂涎欲滴的异域美食
经典美味的料理
丰富多样的食材

内蒙古出版集团
内蒙古人民出版社

图书在版编目（CIP）数据

舌尖上的异域风情 / 晨曦暖阳著 .—呼和浩特：内蒙古人民出版社，2015.8

ISBN 978-7-204-13561-5

Ⅰ. ①舌… Ⅱ. ①晨… Ⅲ. ①食谱—世界 Ⅳ. ① TS972.18

中国版本图书馆 CIP 数据核字（2015）第 198020 号

舌尖上的异域风情

作　　者　晨曦暖阳
责任编辑　侯海燕
责任校对　杜慧婧
责任监印　和平
封面设计　朝克泰
出版发行　内蒙古人民出版社
地　　址　呼和浩特市新城区中山东路 8 号波士名人国际 B 座 5 楼
网　　址　http://www.nmgrmcbs.com
印　　刷　内蒙古爱信达教育印务有限责任公司
开　　本　787mm×1092mm　1/16
印　　张　11.75
字　　数　200 千
版　　次　2015 年 9 月第 1 版
印　　次　2015 年 9 月第 1 次印刷
印　　数　1 — 4000 册
标准书号　ISBN 978-7-204-13561-5/Z・967
定　　价　35.00 元

前言／舌尖上的异域风情

我从小就是个嘴刁的，极难喂养，少年时期严重偏食，不吃蔬菜只吃肉。进入社会之后渐渐改正，但口味依然挑剔。介于是工薪阶层天天去饭店吃饭极不现实，就想着自己动手丰衣足食，即省了荷包又能吃得好，两全其美，不亦乐乎。现在我已经把做菜发展成了爱好，纯粹是为了满足自己这张刁嘴不得已而为之，但是年头久了手艺却是日益精进，做的菜系也是越来越多，不说是纵贯南北基本也能说得上是融会中西了。

作为女性，我自然憧憬着能有幸福的生活、温暖的家庭、体贴的丈夫、可爱的孩子、健康的父母以及平静和谐的生活，不求大富大贵但求温饱小康。结了婚，生活就落到了再简单不过的柴米油盐、一日三餐。俗话说民以食为天，可见吃饭是人类最基本的诉求，也是生存的保障。

可是，现在有越来越多的人都忙于工作，累了一天回到家或者节假日想好好犒劳一下自己却不知道吃什么好，纪念日的时候也不知道该做什么菜。想去西餐厅又担心预算问题，自己做又不知从何下手，您是否也曾有这样的情况呢？

在本书中将为您解决以上的烦恼，我们将从食材的选择、酱汁的调配、摆盘的造型、料理的文化等多角度、全方面地一一为您分解，让您在家里

也能轻松吃到餐馆的美味佳肴。从此，不必担心预算，不必再绞尽脑汁地去考虑该怎样让另一半高兴，只要您一出手就能让对方惊呼不已！自己动手去做西餐不仅丰富了您家的餐桌，还能增添生活情趣和节日气氛，更能提高生活质量和深化夫妻感情。

本书收录了欧洲、亚洲、南美的部分国家中有特色和代表性的料理，它将会成为您了解西餐文化的一个窗口和平台，也会为喜欢西餐并打算动手实践的人们提供一个简洁直观的参考和教程。本书菜品按照国家进行分类，便于查找。另外，菜品涵盖了法国、意大利、墨西哥、日本、韩国、泰国等地区的一些经典料理，数量不多但制作精良，制作流程的分解照片更是如同手把手的教学，让您制作起来全无后顾之忧。

还等什么，您也快快动起手来尝尝自己亲手制作的美味吧，并来体会一下舌尖上的异域风情！

目录 Contents

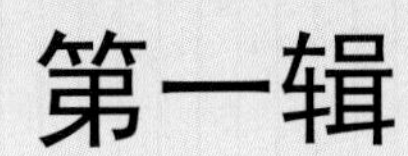

第一辑

开胃甜品：在味道蔓延之前

在味道蔓延之前，先让舌尖甜蜜一下吧，正所谓生命无常，先吃甜品。别再担心腰间的小赘肉了，该甜蜜的时候就没必要想太多。

蜜汁烤菠萝——那一抹金黄色的红

食 材：菠萝、草莓、白砂糖

这是西餐中最为常见的处理水果的方法，为的就是将水果的味道发挥到极致。每当菠萝大量上市的时候，总不会让我的小嘴闲着，只不过有时买到的菠萝会很酸，让我龇牙咧嘴吃不下去。一次偶然的机会，我在做菠萝饭的时候发现菠萝熟着吃口感更好，结果突发奇想，将菠萝做成饭前甜点，会不会更好呢?

1. 草莓洗净切碎，加白砂糖和适量水熬成糊状。
2. 菠萝带皮切厚块，蘸上白砂糖烤熟。
3. 草莓酱垫底，摆上烤菠萝，撒点砂糖点缀。

健康碎碎念

水果加热，虽然会导致营养成分的部分流失，但是有些人由于身体原因不能生吃水果，吃不好就会闹肚子，很遭罪。所以对于这类人来说，把水果加热之后，吃起来就没问题了。而且，菠萝加热之后某些酶就失去了活性，吃着就不会杀嘴了。

菠萝体内有三种成分可能会给人们带来麻烦：

甙类：能够刺激人体的皮肤、口腔膜，如果吃了未经处理的生菠萝后，嘴里会感到很痒，但对健康尚无直接危害。

羟色胺：能够使血管收缩、血压升高，吃太多容易造成头痛。

菠萝蛋白酶：少数人对于菠萝中的蛋白酶存在过敏反应，食用后一小时内可能会出现腹痛、恶心、呕吐、荨麻疹、头痛、头晕等症状，严重者还会导致呼吸困难及休克。人们常说的菠萝过敏就是指此而言。

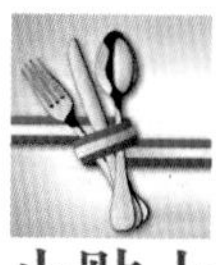

小贴士

菠萝如此鲜美，想吃又怕影响健康，该怎么办呢？就像这道菜的做法那样，煮熟了再吃。菠萝在开水里煮一下，水温达到100℃时，90%以上的蛋白酶都会被破坏掉，甙类也同时被破坏消除，羟色胺则溶于水中。况且，煮沸后的菠萝口感更好。

当然，水果生吃更有营养，为了保持菠萝的生鲜口味，人们更习惯于将菠萝放在盐水中浸泡，同样可以达到脱敏的作用。

文化絮语

怎么样，看着就很诱人吧，颜色分明，一抹金黄色的红，是不是想要一口咬下去？告诉你吧，口感简直是无与伦比，哈哈，一口咬下去，甜甜的汁水就流了出来，软软的，梦幻般的感受，喜欢甜品的朋友绝不可错过。

将水果做熟了吃，这是西餐中常见的处理水果的方法，为的是突出果味，这样会比生着吃更甜，适合做成甜品。在这道菜品中，菠萝的甜和草莓的香完美融合，甜蜜香醇，令人回味。

法国红酒梨——梨子微红，夕阳都醉了

材 料：梨、红酒、蜂蜜

法国红酒梨是法国最具代表性的甜品之一，也许在网上它并不那么出名，或者说你在法国十大甜品的评选中也见不到它的身影，然而红酒梨确实是一道法国名菜，只有去过法国的人才知道它的名气。而且，这道菜品因为简单易学，更适合普通百姓的餐桌。

在很多美食节目中都提到过这道菜，在法国，除了鹅肝、蜗牛、红酒牛肉之外，可能就属它的上镜率最高了。不知道法国人爱上这道菜的原因是什么，可能是红酒的醇厚，可能是梨子的清甜，但在我看来，是那一抹雪白梨子身上浸出来的淡淡微红。在落日的午后，这道开胃甜品透出红酒的阵阵醇香，哇，夕阳都醉了。

待到梨子上市的季节，选择最新鲜的梨子，在你的品位及经济实力许可的条件下，挑选最适合的红酒，然后开始跟我一起，动手吧！

1. 梨去皮核切瓣加蜂蜜，倒入红酒浸泡，煮熟。
2. 待梨瓣冷却后冰镇。

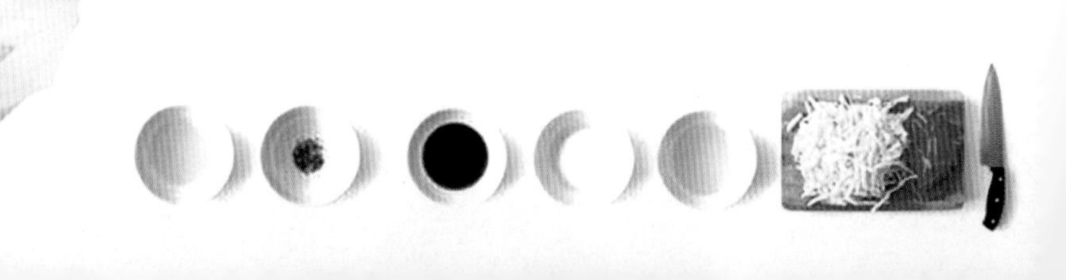

健康碎碎念

梨子本身具备丰富的营养元素，可润燥化痰、润肠通便，而红酒更是养生极品。红酒中含有的原花青素能保护心血管，白藜芦醇能抗癌。将梨子与红酒结合，更是天然的养生佳品。

梨子性寒，然而红酒梨这道甜品将梨子煮熟之后食用，所以不必担心寒性伤身。而且喜欢凉口的食客，更不用顾忌这一点，将梨子冰冻，口感更佳。梨子辅以红酒，既补充了梨和红酒中的营养物质，还能带来完美的视觉感受，不冷冻能温暖肠胃，冷冻则爽口怡人。

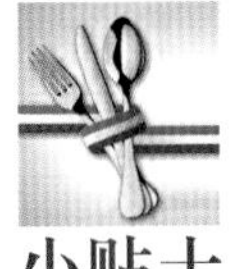

小贴士

做这道菜需要注意的是，如果出于经济实力或是品鉴水平的限制，不考虑红酒的品质，那一定要考虑梨子的品质。最好选用比较硬的梨，而且最好是啤梨。啤梨又分为青啤梨和红啤梨，如果是后者，那颜色更是醉了。之所以选择坚硬的梨子，是因为梨肉在煮的过程中不容易碎烂，这样味道会更好。

文化絮语

简单吧，法国最有名的开胃甜品原来不过如此，只需要几步，您就能在家品味到纯正的法国特色。当然，味道如何，主要还看您的红酒质量如何，如果您不是专家级吃货，也不必在乎红酒的品质了，尝个鲜就好。

法国人喜欢喝红酒，爱到什么程度呢？就像中国人离不开茶叶一样，所以他们想方设法将红酒运用到菜肴之中，拿它来炖菜烧肉，制作甜品。

法国人情迷红酒，同样也钟情于甜品，在品尝法式大餐之前，一道开胃甜品是必不可少的，红酒梨就是很多法国人的首选甜品，既好做又清爽可口。尤其是雪白的梨瓣上泛出微微红晕，看着就流口水，我是醉了，夕阳也醉了，您呢？

第二辑

法式情怀：最浪漫的法国大餐

如果问全世界最浪漫的菜式是什么，法式大餐必然独领风骚。红酒、佳人、烛光晚宴、浪漫夜曲……这一切营造出来的唯美之境，让人一生难忘。感受全世界最奢侈的法式大餐，感受最浪漫的法式情怀。

红酒烩鸡 —— 经典法国名菜

主　料：鸡腿
辅　料：豌豆、洋葱、培根、口蘑
调味料：干红、盐、胡椒粉、原味酸奶、番茄酱

制作这道法国传统家常菜的时候正值夏日。炎炎烈日搞得我毫无食欲，吃腻了平日里的中式菜肴，一日闲来无事，便想换换口味找点刺激。偏爱西餐的我突然想到了法国大餐，天气再炎热，也不应该亏待了自己的味蕾，您说是吧?

红酒烩鸡，这是一道经典的法国菜肴，据说勃第、阿尔萨斯、香槟和奥弗涅大区都自称是这道菜的发源地，由此可见，这道菜在法国的地位不一般。

法国作家吉尔贝尔·塞斯布朗曾说过："法国的象征，曾是公鸡，而今天则是红酒烩鸡。"

这是一道法式家常菜，每家都做，每家都吃。由于西餐多以肉类为主，所以为了达到营养均衡的目的，同时不会因为吃肉太多而感到油腻，配菜就显得很重要。一道由红酒作为辅料而成的法式大餐，必然离不开鲜艳的红色，那么配菜选择绿色则再好不过了。同时，蔬菜还能起到解腻的作用，就像我这道菜选择的是豌豆。 这道法式家常菜的原材料稍微多一点，不过喜欢吃就别怕麻烦不是吗?

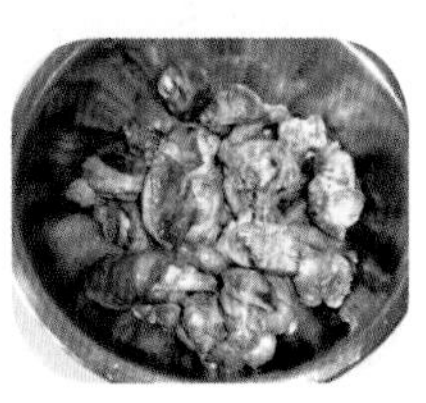

主菜： 1. 鸡腿剁块洗净，加红酒、盐、胡椒粉腌制 6 个小时。

2. 鸡肉煎至微焦，放入洋葱块、培根、口蘑、番茄酱炒匀撒少量面粉，倒入腌鸡肉的料汁，加水齐平，炖熟收浓汁后加盐调味。

配菜：

豌豆用水泡一晚加少量盐煮熟过凉，倒入原味酸奶，加盐、胡椒粉、橄榄油拌匀即可。

健康碎碎念

滴酒不沾的朋友不必担心，这道菜肴在烹饪时，葡萄酒所含的酒精会因为加热而挥发，同时亚硫酸盐成分也会消失，只留下有轻微香味的精华。

这道菜的营养价值也颇高，首先来说鸡肉，口感自不必说，其肉质细嫩、滋味鲜美、蛋白质含量丰富，可以说是蛋白质含量最高的肉类之一，属于高蛋白低脂肪的食品。相比于牛肉、猪肉，其维生素 A 的含量要高出很多。

鸡肉易于被人体吸收，能够增强体质，是中国人膳食结构中脂肪和磷脂的重要来源之一。鸡肉对营养不良、疲劳乏力、畏寒怕冷、月经不调、体虚、贫血等患者能够起到不错的食疗作用。

小贴士

如果你是一个非常讲究的食客，同时又懂红酒，那么在做这道菜的时候千万不要吝惜你的宝贝红酒。我见过很多人都存在这样的误区，认为好酒是用来喝的，而用来煮食的红酒则无所谓，因此会选择一些劣质的红酒烧菜。实际上，低劣的红酒会把苦或酸的味道带进食物中去，严重影响了菜的品质。因此，一个纯粹的美食家绝不会犯这样的错误。

文化絮语

回首历史，这道菜的历史渊源还要追溯到凯撒大帝征服高卢时期。阿维尔尼部落是当时高卢最强大的部落之一，历史上多次与罗马人作战。当时，阿维尔尼的首领正在遭受罗马人的围攻，而他为了表示对敌人的轻蔑态度，给凯撒送去了一只象征高卢人骁勇善战、顽强不屈标志的公鸡。而凯撒则很绅士地回了一个邀请，他请这位部落首领前来赴宴，晚宴上的菜肴就是红酒烩鸡，而那只鸡正是阿维尔尼首领派人送去的公鸡。

红酒炖牛肉——传说中的法国名菜

主　料：牛肉

辅　料：洋葱、胡萝卜、口蘑、干葱

调味料：蒜、欧芹、胡椒粉、盐、番茄酱、黄油、橄榄油、红酒一瓶、牛肉味浓汤宝

红酒炖牛肉，这是一道法国传统炖菜，发源于勃第地区。

这道法国标志性菜肴，不论是宴客派对还是居家享用，都可以算作一道经典料理，任何喜爱美食的朋友都不容错过。

如果您喜欢吃牛肉，又喜欢喝红酒，那么这道菜再合适不过了。酒香浓郁，色泽明亮，配菜清新解油腻。不过，心急的朋友可要经受住考验，因为若想吃到这道大餐最好的味道，一定要等到第二天。因为要用红酒浸泡牛肉，这样浓郁的味道就会渗透到牛肉的每一根纤维中。当然很多心急的人等不到第二天，他们往往使用高压锅速成，那么自然也尝不到最顶级的美味。如果遇到法国人，他一定会劝你再等一天，那种红酒浸入牛肉的味道，值得一生回味。

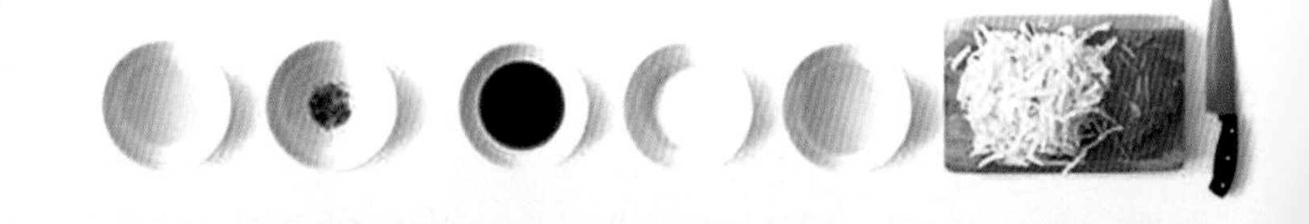

1. 各种材料改刀，浓汤宝加热水化开。

2. 将橄榄油、黄油混合，把牛肉煎变色，加入洋葱、胡萝卜炒香，倒入锅中。

3. 加面粉拌匀，加盐、胡椒粉、蒜粒、番茄酱、红酒煮开后倒入化好的高汤一起倒入高压锅，压制 25 分钟后连汤一起倒出来。

4. 黄油化开，把口蘑、干葱炒香，倒入牛肉汤中炖软烂。加入欧芹、胡椒粉、盐调味之后自然冷却。第二天再加热一遍，配法棍切片食用。

健康碎碎念

红酒的营养价值在此不再赘述，只讲牛肉，它的好处可太多了，只要您不是一个素食主义者，就听我唠叨唠叨。

1. 牛肉中的肌氨酸、钾、蛋白质的含量都很高，对于增长肌肉、增强力量特别有效，这也是运动员需要长期吃牛肉的原因之一。

2. 牛肉中含有足够的维生素B6，有助于增强免疫力，特别适合运动后身体的恢复。

3. 牛肉含铁，而铁是造血必需的矿物质，牛肉的含铁量要远远高于鸡、鱼等肉。

总之，牛肉的好处很多，寒冬吃牛肉还有暖胃的作用，是冬天的进补佳品。与红酒相结合，自然是既营养又美味。

小贴士

还是挑选红酒的问题，别让廉价的红酒毁了一锅上乘的牛肉。其次，红酒炖牛肉这道菜的配菜也很重要，可以选择蘑菇、小洋葱、胡萝卜、土豆等等，根据个人喜好即可。最重要的是，要想吃到美味正宗的红酒炖牛肉，一定要提前一天用红酒将牛肉腌上，当红酒的醇香浸入牛肉之中，这样做出来的味道才是最棒的。

文化絮语

提到红酒炖牛肉，不得不提法国勃第，这是法国一个盛产葡萄酒的省份。以前，那里的女人都喜欢用红酒来炖菜，配上法国传统香料，小火慢炖，然后等待在外工作的男人们回家吃饭。在我吃过的所有红酒炖制的菜肴里，最喜欢的还是红酒炖牛肉，红酒的醇香渗透到牛肉的每一条纹理之中，唇齿留香。

勃第红酒炖牛肉是法国人星期日的传统菜肴，名字的由来取决于配料中两样勃第的物产：牛肉和红酒。勃第除了生产葡萄酒之外，还以其饲养高质量的牛而闻名，尤其是夏洛莱牛，这是一种提供优质肉的法国牛种。

要想吃到最正宗的勃第红酒牛肉，自然少不了来自勃第的牛肉和红酒。然而对于大多人来说，都比较奢侈，除非您以后有机会去当地旅行，千万别忘了尝尝这道当地美食。

鞑靼牛肉 —— 名副其实的野人牛肉

主　料：牛绞肉

辅　料：洋葱、酸黄瓜、鸡蛋

调味料：橄榄油、辣酱油

鞑靼牛肉是享誉世界的顶级美味，以生食牛肉闻名，在美食家眼中是顶级料理，衍生品众多。鞑靼牛肉是法国流行的牛肉料理，以新鲜的生牛肉剁成碎块拌制而成。

这道菜乍看上去感觉像生拌牛肉，其实生拌牛肉就是它的衍生品，只不过调味料不同做出来的味道也就不一样罢了。如果你能接受吃生肉那就一定要试试这道大菜，如果不能吃生的我只能表示遗憾了。其实生肉也没有那么可怕，处理好了没有怪味，也吃不坏肚子。

一直以来我都想尝试做这道料理，苦于不知道用料而迟迟没有动手。一次偶然的机会，我学到了做法，看了看竟然非常简单，想来越是好吃的东西制作手法上越是简便呢！

我怎么可能放弃这么好的机会？来吧，露一手！

1. 将酸黄瓜、洋葱切碎，牛绞肉加酸黄瓜、洋葱、橄榄油、辣酱油拌匀。团成球状，拿手弄出一个坑。

2. 上面打一颗新鲜鸡蛋，吃时把蛋黄打散拌匀即可。

健康碎碎念

生食牛肉绝对是一道美味，很多国家都有吃生牛肉的习惯，然而当疯牛病暴发之后，人们的这种习惯渐渐发生了改变。由于饮食文化以及身体素质不同，国人喜欢生食牛肉的并不多，最主要的是，生牛肉的健康隐患较多。

吃生牛肉或者半生不熟的牛肉都存在一定的健康隐患，未熟透的牛肉往往带着绦虫（一种肠道寄生虫），易造成宿主痉挛而产生腹痛等症状。此外，生牛肉可能携带沙门氏菌或者大肠杆菌。

难道这道美味就不能吃了吗？当然不是！只要选择那些经过杀菌处理、品质较高的牛肉就没问题，首选当然是日本的神户牛肉，这在全世界都非常有名，当然它的价格也不菲。

小贴士

辣酱油在我国南方常用来做菜，国外的辣酱油原产国在英国，在卖进口食品的地方有卖。做这道菜一定别忘了放辣椒油哦！

当然，如果您的肠胃不好，那么还是不要轻易尝试为好。毕竟，生食虽然新鲜美味，但是健康风险也不低。

文化絮语

鞑靼牛肉，又称他他牛肉、野人牛肉，其实就是生牛肉，是采用新鲜的牛肉（也可用马肉）用刀剁碎而成的一道菜式。

鞑靼牛肉原属于鞑靼族食物，当时的人们将肉块压于马鞍之下，经过长期的压力而使肉质变得松软，或将肉条挂于马鞍，经过长期拍打马体而改变肉质，以作长久保存。后经蒙古西征传至西伯利亚、俄国及德国等地而成，其中传至德国后，逐渐演变成今天的汉堡包。

这道菜品在欧洲等地颇为流行，尤其是法国、比利时、丹麦、瑞士等地，一般情况下，人们习惯于配上一盘炸薯条。

哥伦布鸡肉卷 —— 金黄色的诱惑

主　料：鸡大腿
辅　料：芝士片、火腿片、鸡蛋、西生菜球、切片面包
调味料：生粉、黑胡椒粉、泰国辣酱

这道法国大餐的名字很有意思，“哥伦布鸡肉卷”，爱联想的人们很快会猜想大航海家哥伦布先生跟这道菜有什么关联：“意大利航海家来法国吃大餐了？”“哥伦布钟情鸡肉卷并以此命名了？”……都不是，虽然最初我也这么瞎猜过，但实际上这道菜跟哥伦布先生没一点儿关系。它是法国蓝带烹饪艺术学校研制出的一道料理，因为学校名字音译过来比较像哥伦布而得名。这道料理到底有多知名呢？据说它是某女王登基的时候钦点的菜品呢！

我也是在电视上看到这道料理的介绍，然后突然想到，女王都要钦点的菜品，咱必须也得试试！

我对自己的厨艺还是颇有自信的，对于西餐味道与色泽的拿捏还是相当可以的，于是，这道大餐当仁不让地搬上了我家的餐桌。看着家人又惊又喜的表情，我知道又成功了，所以决定将这道法式料理分享给喜欢美食的读者们，上菜！

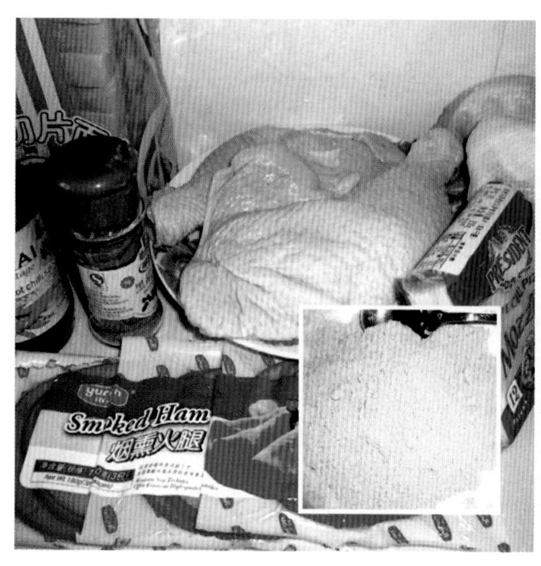

1. 把面包片撕成小块，微波炉高火打 2 分钟至干硬，然后用粉碎机打成粉。

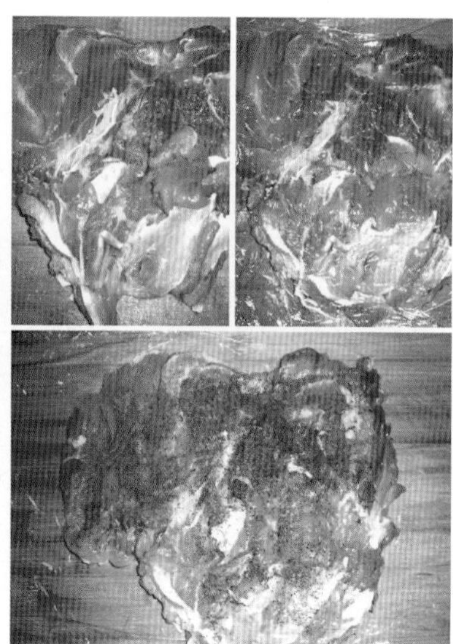

2. 鸡腿剔骨，撕去皮，在肉厚的地方片一刀，铺平，盖上保鲜膜，用刀背砸成大片，抹上黑胡椒粉。

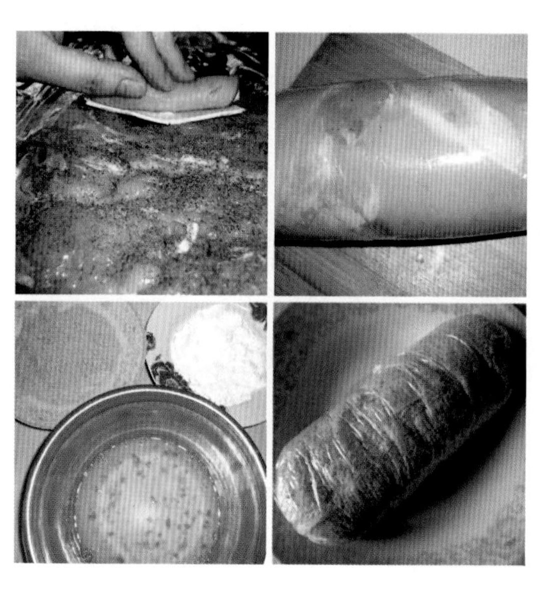

3. 用火腿片把芝士片卷起来，放入鸡肉中卷紧，用保鲜膜包紧定型。依次蘸生粉、蛋液、面包渣，再用保鲜膜卷一下继续定型。

4. 油温 180 度，将卷好的肉卷炸 5-6 分钟至完全成熟。西生菜球切丝做配菜，泰国辣酱做蘸酱。

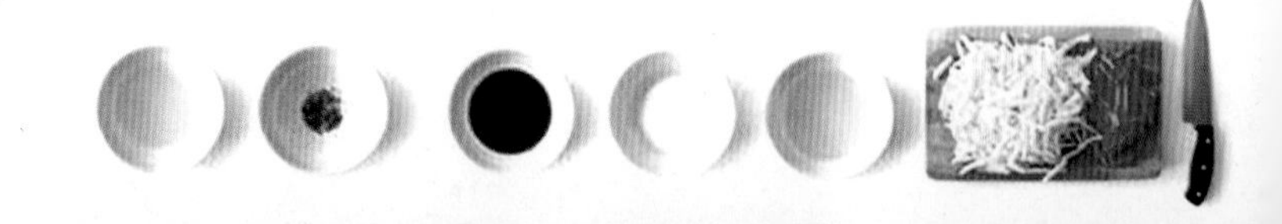

健康碎碎念

鸡肉的营养价值很高，与猪肉、牛肉比起来，它的蛋白质更高，而脂肪含量更低。此外，鸡肉含有很多人体必需的维生素。不过，由于这道菜是油炸而成，很多注重养生的人就要含糊了，的确，油炸食品吃太多会影响健康，但偶尔吃一回是没有问题的。这道菜由于比较油腻，所以配菜很关键，我选择了生菜，能够很好地起到解油腻的作用。

小贴士

在制作这道菜的过程中，我用到了面包片，并将其撕成小块然后用粉碎机打成粉状。其实这种面包渣超市就有现成的，只是我没有买到所以就自己做了。

文化絮语

这道菜的发源地——法国蓝带学院，创建于1895年的巴黎，是世界上第一所融合饮食文化和餐饮服务的世界名门学校。历经一百多年的发展，蓝带学校在二十多个国家建立四十多所学校，招收来自世界各地对于西餐颇具造诣与喜爱的学生。可以说，蓝带精髓铸就了世界西餐西点业的第一品牌。此外，除了教授厨艺之外，蓝带学校还在酒店与名胜管理、会议与节事管理以及饭店经营领域提供最专业的培训。从这里走出来的学生，也就相当于拥有了全球厨艺餐饮界皆认可的证书。

白酒煮贻贝 —— 当“海中鸡蛋”遇到“液体黄金”

主　料：贻贝
辅　料：洋葱、胡萝卜
调味料：白葡萄酒、橄榄油、蒜、盐、胡椒、欧芹

法式白酒贻贝是一道很经典的法式海鲜，鲜活的贻贝在充满白葡萄酒香的汤汁中蒸煮，只熟到刚刚开口。揭开锅盖的那一刻我又醉了，贝肉饱满，鲜嫩多汁，鲜香之气让人直流口水。

全世界都知道法国的葡萄酒好，看来法国人也是将这一优势发挥到极致，在法式大餐中绝对少不了葡萄酒的影子。法国人爱吃海鲜也是出了名的，驰名世界的法国大餐也以海鲜为最，下面就让我们见识一下这道白酒煮贻贝的做法吧！

1. 贻贝放水里处理干净，洋葱、胡萝卜切小丁，蒜切片。橄榄油放蒜炒香，加入蔬菜把水分炒出来，加白葡萄酒煮到汤汁大概剩一半左右，让酒精挥发。

2. 加入贻贝、盐、胡椒后盖上锅盖蒸煮至贻贝开壳。撒欧芹碎末，出香味即可。

健康碎碎念

白葡萄酒营养成分丰富，跟红葡萄酒一样，经常饮用对于健康很有好处。白葡萄酒是唯一的碱性酒精性饮品，对于大鱼大肉有很好的中和作用，可降低血液中的不良胆固醇，并能促进消化。此外，白葡萄酒能够保护心脏、防止中风等等。

对于女性朋友而言，经常饮用白葡萄酒更是显得尤为必要，因为它有很好的美容养颜的功效，可养气活血，使皮肤富有弹性。

白葡萄酒的功效远不止这些，因此在这道菜中加入白葡萄酒，其营养价值可想而知。再来说说贻贝的健康功效，其实北方人更习惯称贻贝为海虹，其味道鲜美，含有丰富的营养元素，被称为“海中鸡蛋”。

白酒煮贻贝这道菜最大的不同在于橄榄油味儿比较大，这也是普遍的西式做法，吃惯了就行了。说到橄榄油，它被认为是迄今所发现的油脂中最适合人体营养的油脂，在西方被誉为“液体黄金”。

文化絮语

海鲜的做法向来比较简单，尤其在国内，可能是为了赚钱的缘故，每到夏天去海边玩，想吃海鲜了，饭馆的做法都很简单，要么煮一下蘸酱油，要么炒一下出锅，毕竟时间就是金钱嘛。不过法国人的做法显然要讲究很多，就像我上面介绍到的，虽然与其他法式大餐比起来，这已经是非常简单的步骤了，不过在国人看来，尤其是对那些海鲜商家而言，这些步骤还是复杂了。

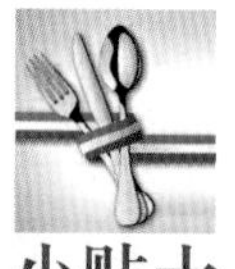

小贴士

在白葡萄酒的选择方面跟之前提过的一样，别让一瓶劣质酒毁了这道法国大餐。而对于贻贝的选择，务必要选鲜活的。如果没有欧芹可用香菜代替，没有白葡萄酒可用柠檬汁代替（当然，味道可能会大打折扣）。

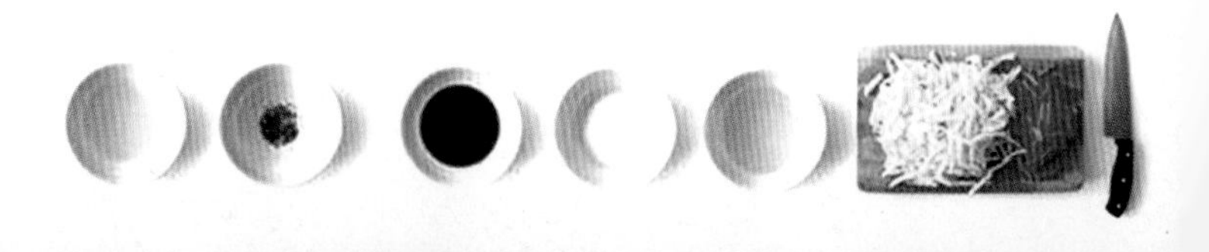

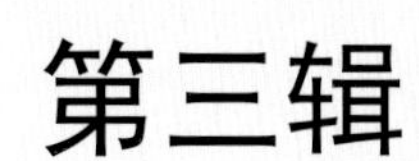

第三辑

意式浓情：邂逅西餐之母

作为西餐之母的意大利菜系，具有浓厚的地中海风情，披萨、意面、红酒、咖啡……无论您是平民百姓还是达官贵人，都能够享受到高贵典雅的意大利菜。在悠闲的夏日午后，在月明星稀的夜晚，伴着小提琴悠扬的琴声，吃一顿意式大餐，也是生活中一种至高的享受。

香辣茄汁通心粉——红绿相间的意式诱惑

主料：通心粉、番茄沙司、芹菜
配料：蒜、辣椒、橄榄油、盐

通心粉是一道意大利名点，也是西方国家著名的面食，有实心和空心之分，亦称通心面。国际上统称麦卡罗尼，是一种以小麦粉为原料的面制品。通心粉是传统意面的变形做法，在欧洲一些国家是人们离不开的主食，相当于中国的面条。

有人会说，吃面条还这么讲究，把里面掏空了，这得吃多少才能管饱啊？哈哈，美食家都是讲究人，之所以做成通心粉，是因为通心粉汁可以留在空心的通心粉里，这样吃起来比较不容易干，而且更有滋味。

通心粉的制作方法是非常讲究的，在此不做详细解释，建议您直接去超市买现成的，在此只介绍香辣茄汁通心粉这道经典意式主食。

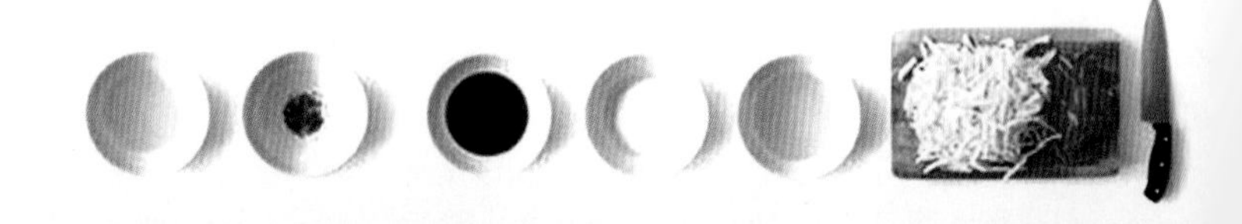

1. 通心粉煮熟备用。

2. 用橄榄油把蒜末、辣椒碎炒香，再放入芹菜末炒香。番茄沙司加少量水调匀后倒入锅里，放点盐炒一下。

3. 加入煮好的通心粉炒匀、装盘。

4. 点缀些芹菜叶，淋上橄榄油。

文化絮语

面条在意大利饮食中占有相当重要的地位，都说意大利人一天三顿可以都吃面条，如果两天不吃他们就浑身难受，可见其对面条的钟爱之深。面条吃多了也会无聊，所以就制造出一点新花样，于是就有了通心粉，这也是传统意面的变形做法。

要说通心粉的由来也很有意思，还要追溯到18世纪。在意大利那不勒斯附近有一家面馆，专门经营面条和面片。老板马卡罗尼的小女儿一天闲来无事，把面片卷成了空心条并晾在了衣绳上。马卡罗尼看见后突发奇想，他把空心条煮熟后拌以番茄酱，发现这样吃起来还不错。此后，马卡罗尼成为了面食专家，还建造了世界第一家通心粉加工厂，并以自己的名字为通心粉命名。

健康碎碎念

通心粉的主要营养成分有蛋白质、碳水化合物等，添加辅料的通心粉，营养成分随辅料的品种和配比而异。通心粉的优点是有利于消化吸收，能够起到膳食平衡的作用，毕竟大鱼大肉吃多了，吃点面食更健康。此外，它还能改善贫血症状、增强免疫力。

小贴士

由于意大利面在超市卖的种类很多，选你喜欢的就行。我是喜欢螺旋形的，所以就买了图片中这样的。

意大利肉酱面——炸酱面鼻祖

主 料：意面、牛肉馅

配 料：西红柿、番茄沙司、番茄酱、白酒、调味料适量

这是意面的代表性作法，不知何故，总是让我想起老北京炸酱面。在我看来，这像是意大利版的炸酱面，只是规格更高，味道更好。开个玩笑，言归正传。意大利人喜欢面食，可以说是欧洲最喜欢面食的国家，不亚于老北京人对于炸酱面的喜爱，这也是他们餐桌上的必备主食。这道意大利肉酱面也是我非常喜欢的一道主食，这是最传统的肉酱制作方法，在意大利本土也有十分悠久的历史，算得上是肉酱的鼻祖。

1. 将意面煮好（超市有卖粗的和细的，根据个人喜好选购）。

2. 用橄榄油把牛肉馅炒至 6–7 成熟。

3. 加入番茄沙司、番茄酱、西红柿丁、盐，炒至西红柿软烂。加白酒，开后小火煮 10 分钟后浇到面上即可。

健康碎碎念

都说吃面食容易发胖，但意面除外，意大利人平均寿命长，且肥胖者较少，这离不开意大利面的功劳。我不是瞎说，意大利美食家和营养学家曾做过“面条与健康关系”的研究，结果表明，只要遵循正确的烹制方法和合理配料，就能既享受到意面的美味，又拥有健康的身体。因为，意大利面的原料是硬小麦，它含有复合碳水化合物以及丰富的蛋白质。由于碳水化合物分解缓慢，不会引起血糖迅速升高，所以意大利面还是糖尿病患者的首选饮食。

小贴士

做意大利面的过程中一定要在水中加点盐，这样面条才够筋道，口感更佳。而且因为筋道，可以刺激咀嚼利于消化，非常适合正在减肥的人食用。

还有人问我，为什么要同时用到番茄沙司和番茄酱，这是由这两种调味品的特性决定的。它们虽然都是用西红柿制成，番茄酱却是味道偏酸，适用于菜肴的提味；番茄沙司则是味道偏甜，适合做蘸料或给菜肴增加甜度，中和番茄酱的口感，所以在使用的时候还是要留意一下。

文化絮语

关于意大利面条的起源说法不一，就连历史学家们都没能在此问题上达成一致。有人说意大利面条是马可·波罗从中国带入意大利的。也有人认为，早在公元前7世纪，当时居住在意大利北方的埃特鲁斯坎人就已经开始制作面条了。关于后一种说法，人们还在埃特鲁斯坎遗址中发现了出土文物，有专门和面的木头桌子，还有专门用来煮面条的炊具。

争议绝不仅限于此，还有证据表明，在屋大维成为古罗马的凯撒之后，罗马人口已经达到150万之多，老百姓温饱问题成为一件大事。为了解决粮食储存问题，有聪明人想出了一种保存面粉的方法，就是将面粉先做成面条，然后放在太阳底下晒干，这样至少可以保存一年，有效避免了浪费。就这样，意大利面条的雏形开始在民间流行，当然，只是在穷人间流行，皇宫贵族跟有钱人还是比较讲究的，他们只吃现做的面条。直到19世纪，晒干的意大利面条才成为欧洲各国不分贵贱的餐桌美食。

1800年，人们开始在意大利面条中加入西红柿，口味创新之后迅速赢得人们的喜爱，并且一直延续至今。

菠菜鸡肉排——意大利传统家常菜

主　料：鸡胸肉
辅　料：洋葱、菠菜、芝士片、西红柿
调味料：黄油、盐、黑胡椒粉、柠檬汁、番茄沙司、蒜

不知为什么，提到菠菜就会想起大力水手，这个经典的动画人物陪我度过了美好的童年 。一罐菠菜吃下去，马上变得力大无穷，每当看到波比变身为大力水手时我就兴奋不已。据说，大力水手漫画问世之后，曾一度引得当地的菠菜热销，我也是从那时起爱上菠菜的。

这款意大利美食勾起了我对童年的回忆，这一次我也要变身大力水手，让我给大家露一手吧！

1. 菠菜洗净切小段，洋葱切小丁。

2. 黄油化开，放入一半的洋葱丁炒至半透明，加入菠菜炒熟，放入盐、黑胡椒粉调味后盛出放凉。

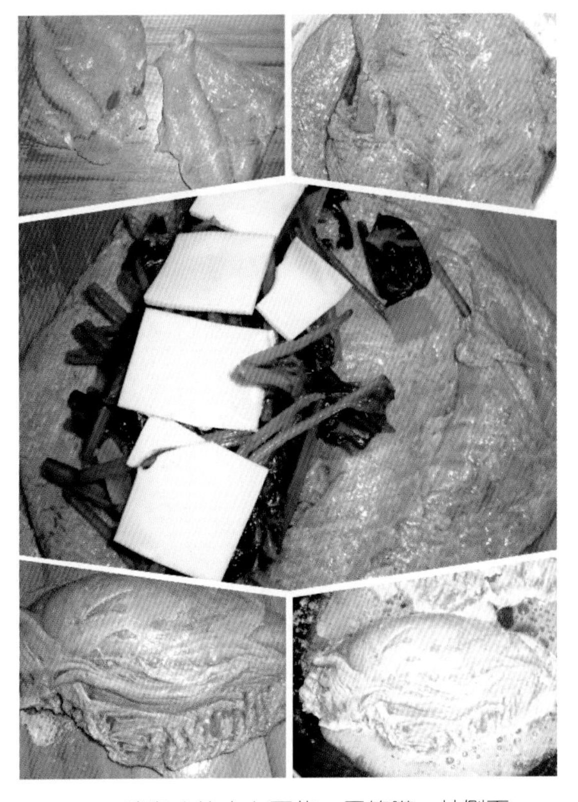

3. 鸡胸肉片去上面的一层筋膜，从侧面抛开，加盐、黑胡椒粉、鲜柠檬汁抓匀，腌10 分钟左右。然后填入炒好的菠菜，码上芝士片，合起来，用刀背在开口的地方剁几下，让开口处重新封上。用黄油把鸡肉排煎黄，等稍凉些后斜刀切两半。

4. 在西红柿顶端切个十字，用热水烫一下，去皮切小丁。

5. 将黄油化开，放入另一半的洋葱丁炒至半透明，加入西红柿丁炒软，炖烂。加入适量的番茄沙司炖黏稠，加盐、黑胡椒粉调匀，关火，放入少量蒜末。

6. 将熬好的西红柿酱铺在盘底，放上鸡肉排，用薄荷点缀 一下。

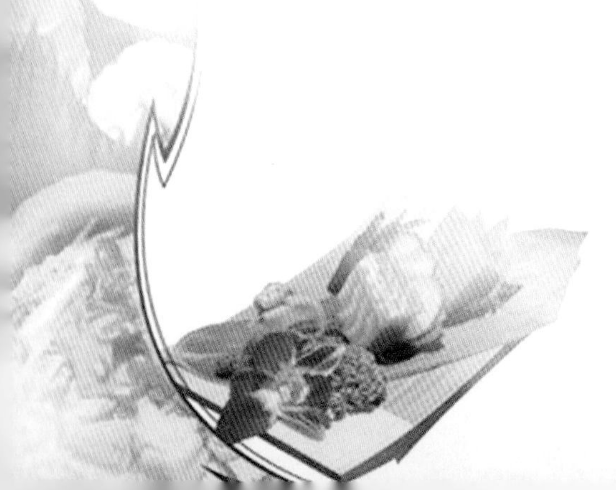

健康碎碎念

鸡肉的营养价值前面已经提过，不再赘述，我们来讲一讲菠菜。菠菜茎叶柔软细滑，味美色鲜，不仅味道好，而且含有丰富的维生素C、胡萝卜素、蛋白质以及铁、钙、磷等矿物质。

菠菜含有大量的植物粗纤维，能够很好地促进肠道蠕动，利于排便，消化不好的人应该经常食用。此外，常吃菠菜，对于痔疮、慢性胰腺炎、便秘、肛裂等病症有一定的治疗作用。

菠菜所含的胡萝卜素在人体内会转变成维生素A，对于保护视力有一定作用。此外还能够提高免疫力，尤其是正在发育中的儿童，可有效促进其生长发育。

由于菠菜含有丰富的微量元素，有助于促进人体的新陈代谢。此外，经常吃菠菜，也能降低中风的危险。

最后，菠菜还是女性朋友的独爱，因为它有抗衰老的作用。在民间，人们经常以菠菜捣烂取汁洗脸，能够起到清洁皮肤毛孔、减少皱纹及色素斑的作用，想要青春永驻的姑娘们一定不能错过。

需要注意的是，菠菜具备这么高的营养价值，尤其适合用眼过度者、爱美的女性朋友及糖尿病患者等人群食用。然而，菠菜中的草酸含量较高，每次食用不宜过多。另外，肾炎患者、肾结石患者不宜食用。

小贴士

如果没有芝士片，也可以用奶酪碎代替，选你喜欢的品种就好。最后记得放上薄荷叶，起到点缀的作用，色香味俱全才是上乘之作。

文化絮语

这是一道意大利的家常菜，很传统，也很普通，没什么好介绍的。唯有每次借由菠菜联想到大力水手，都会勾起我做这道菜的兴致，不为别的，只为回忆那段美好的且再也回不去的童年。一丝美好的感觉涌上心头，或许还夹杂着些许伤感，总之，当我吃光这道菠菜鸡肉排后，就像是大力水手吃完了菠菜，感觉浑身上下充满了能量，心情愉悦。把碗筷留给老公，冲出去逛街购物，走到商场打烊，走到天荒地老，满满的正能量！

意大利香草烤羊排——不容错过的圣诞大餐

主　料：羊排
配　料：紫甘蓝、圣女果、西生菜
调味料：橄榄油、盐、意大利复合香草、苹果醋、
沙拉酱、柠檬、黑胡椒

这道菜绝对是“横菜”（硬菜），是各种节日不可缺少的一道大菜，被誉为圣诞大餐，完美的荤素搭配更是让这道菜百吃不厌。平时馋了吃个碳烤羊腿还得 200 元起步呢，别说到高档西餐厅暴撮一顿了，一般工薪阶层还真承受不起。当然了，一般去西餐厅也就是尝尝鲜，两三条羊排够谁吃？如果您独爱这一口，在家做，想吃多少吃多少，撒开欢吃，上菜！

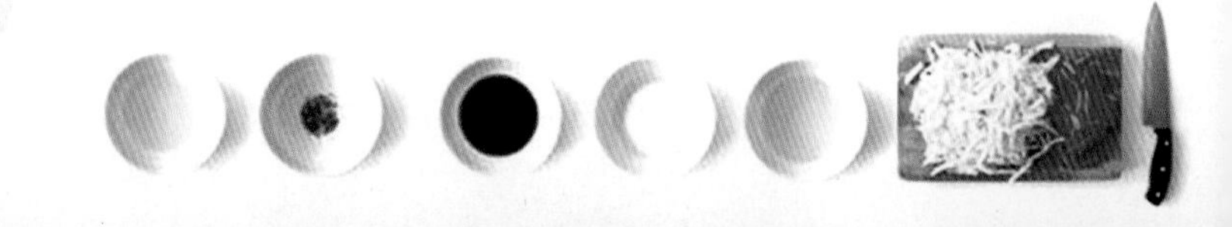

1. 主菜：羊排洗净，加橄榄油、盐、意大利复合香草、碾碎的黑胡椒拌匀，放入冰箱冷藏两个小时入味。烤盘包上锡纸，码上羊排，刷层橄榄油后放入烤箱烤至微焦。

2. 配菜：蔬菜改刀，沙拉酱加苹果醋、橄榄油调开，倒入蔬菜里面拌匀。柠檬切小角，装盘。

健康碎碎念

香草可以说是一种新型保健蔬菜，因其营养丰富、口味好，受到人们的喜爱，是典型的绿色保健蔬菜。欧洲香草在欧洲园艺产业中占有很重要的地位，在国际市场上销量巨大。

此外，羊肉的营养价值更不用说，它是冬季进补的佳品，可以增加人体热量、抵御寒冷、增强体质，具有补肾壮阳、补虚温中等作用。

小贴士

想要吃到最上乘的意大利香草烤羊排，除了香草的选择上，更重要的是挑选羊排，要用小羔羊的羊肋骨，因为这部分肉质最鲜嫩，而且腥膻气味小。如果没有意大利香草，用迷迭香也行，香味更加浓郁，能够有效去除羊膻味。

文化絮语

这道菜最别致的地方在于选用了意大利香草，所以披上了一层浓浓的地中海风情。菜品的风格其实是根据用料和口味来定的，如果您换成别的香料那就是另一种风格了。

每年 12 月 25 日是西方的传统节日圣诞节，地位相当于我国的春节。人们在这一天送走过去的一年，迎接即将到来的新年，而圣诞大餐是每个家庭不可缺少的项目，就像我们的年夜饭一样。

火鸡是圣诞大餐的重头戏，这项传统习俗始于 1620 年，在美国非常流行。除了火鸡之外，每个国家的文化、饮食习惯不同，还会有各具特色的“横菜”，这道香草烤羊排就是意大利人圣诞餐桌上不可缺少的经典菜肴。此外，爱吃这一口的意大利人，每当重大节日或者周末的时候，都会享受这道美味。

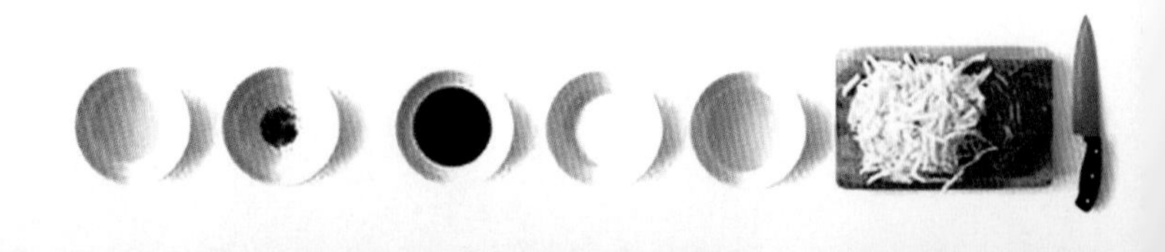

奶香南瓜焗意面——营养均衡的花式意面

主　料：意大利面
辅　料：南瓜、西红柿
调味料：蒜、胡椒粉、橄榄油、马苏里拉、芝士粉

意大利人很讲究，吃面都那么讲究，一道意大利炸酱面居然能做出这么多花样。据说在意大利有超过 130 种不同形状的干面，再配上各种各样的酱料：红酱、白酱、黑酱、青酱、香草酱，辅以不同的烹饪方法。据不完全统计，意面的种类可能超过了 600 多种。爱吃这一口的，想要尝遍意面的种类，还真得花个把年头。

吃腻了家里的大米白面，咱们也尝尝意大利面食的多样化，花样那么多，一时间都不知道该吃什么了。下面介绍的这道菜适合喜爱甜口的食客，只要您不怕胖，就来尝试一下吧。

这其实算是一道改良版的花式意面，营养均衡且更利于健康，满满的一层奶酪相信极其适合奶酪控们的胃口。我个人对奶酪也是比较喜欢的，虽然开始总是不习惯，但西餐吃多了反倒爱上它了。浓浓的奶香搭配上软软的南瓜，回味无穷，把减肥的念想抛在脑后吧！

1. 西红柿去皮切丁，蒜切末。南瓜去皮、籽，切小块后用微波炉高火打 4 分钟至半熟。

2. 煮好意面。

3. 橄榄油炒香蒜末，放入西红柿炒成酱状后放入南瓜，加少量水煮软，加盐、胡椒粉调味，倒入通心粉炒匀。

4. 装入盘中，铺满马苏里拉，撒上芝士粉，微波炉高火打至表面有焦色即可。

健康碎碎念

南瓜因产地不同，名字也不同，亦称麦瓜、番瓜、倭瓜、金冬瓜，台湾叫作金瓜，原产于北美洲。西方人喜欢用南瓜来做各种甜食，比如南瓜派。南瓜的营养价值很高，含有多种营养成分，如淀粉、蛋白质、胡萝卜素、钙、磷、维生素 B、维生素 C 等等。

因此，南瓜的功效很多，因为体内含有吸附性强的果胶，能够有效黏结和消除体内细菌毒素和其他有害物质，所以具有排毒的作用。同时，果胶还可以保护胃肠道黏膜，免受粗糙食品刺激，促进溃疡愈合，尤其适合胃病患者食用。另外，常吃南瓜有助于肠道消化。

除此之外，经常吃南瓜，还能防治糖尿病、降低血糖以及清除致癌物质等等。

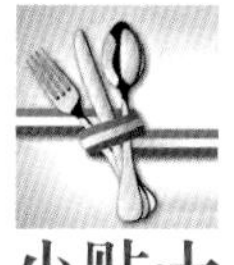

小贴士

如果想要在这道菜中体现出拉丝的效果，建议使用马苏碎，因为奶酪片的拉丝效果不是很好。

文化絮语

全世界最花哨的面估计就属意大利面了，有各种形状及各色吃法，到底有多少种可能连意大利人也说不清。就算是顿顿吃，估计一年也吃不完。在我看来，这是吃货的福气，也是懒人的悲哀。

单词“Pasta”，意思为意大利面，泛指所有源自意大利的面食。在意大利语中的原意是生面团，主要分为干式意大利面，即面粉和水制成的工厂制品，以及鲜意大利面，即用面粉和鸡蛋制成的手工制品。

种类多到意大利人都数不清的意面，绝对是吃货们的福气，如果你喜欢做饭，又喜欢意面，想要全部品尝一遍可要做好心理准备，一定要耐住性子哦！

意大利羊肉饼——与香河肉饼齐名的意大利特色菜

主　料：羊肉馅
辅　料：洋葱、西红柿、松子、菠菜、山羊奶酪
调味料：胡椒粉、盐、糖、橄榄油

这是一道传统的意大利特色菜，不仅有肉，还有蔬菜和奶酪，营养、味道双丰收。在我看来，这道菜就相当于有两百多年历史的香河肉饼，其在意大利美食中的地位可见一斑。

因为对西餐情有独钟，所以看到此类美食介绍时都会随手记下菜谱，有可能的话还会创新一番。说到西餐，欧洲的饮食文化确实值得细细探究，每个国家的饮食都有其特色之处，乍看上去感觉差不多，其实细看差别还是蛮大的。意大利作为美食王国，在欧洲饮食界的地位仅次于法国，也因为意大利曾经是丝绸之路的另一端，有人说那里的食物更适合中国人的口味。这一次咱们不做意面，来尝尝人家的羊肉饼是什么味道的。

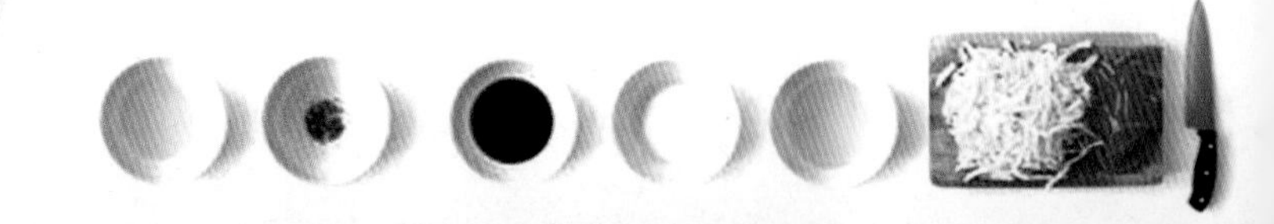

1. 西红柿切小丁，铺在盘子里自然风干半天，变成半干状。松子炒熟，洋葱、菠菜切碎。羊肉馅中放入以上原料，加罗勒、山羊奶酪碎、糖、盐、胡椒粉、橄榄油抓匀。用手用力地压成圆饼，之后用锅煎熟。

2. 在旁边挤上番茄沙司点缀，再摆一片菠菜叶。

健康碎碎念

羊肉是人们平时经常吃的主要肉类之一，尤其是北方人，对于羊肉的钟爱更胜一筹。每到夏季，随处可见的烤羊肉串便是例子。相比于猪肉和牛肉，羊肉的脂肪、胆固醇含量都要更少，而其肉质细嫩，更容易消化吸收。多吃羊肉有助于提高身体免疫力，尤其对于男性来说，还是壮阳补肾的佳品。俗话说，“冬吃羊肉赛人参，春夏秋食亦强身。”据《本草纲目》记载，羊肉“暖中补虚，补中益气，开胃健力，益肾气”，是助元阳、补精血、益劳损之佳品。因此，常吃羊肉对于提高身体素质及抗病能力都有好处。

小贴士

山羊奶酪在地中海附近的国家是经常出现的，味道很浓郁，不过搭配羊肉还真是极为合适。您觉得羊肉会很膻？其实还好，在放了那么多的材料之后味道被中和掉了不少，闻上去很香，膻味反倒是没多少了。买羊肉的时候记得要肥瘦相间，卖家一般会给你配一点羊油，这样的肉馅才好吃，否则会很干，没有口感。

文化絮语

关于意大利羊肉饼这道菜没什么太多说的，是一道典型的意大利特色菜。在我看来，其知名度相当于我国北方很有名的香河肉饼。我不知道意大利羊肉饼有多少年的历史，但是香河肉饼却已经有两百多年的历史，而它的前身则可以追溯到一千多年前的突厥饼。据说当时游走于我国北方草原大漠的游牧民族突厥族，牛羊肉有的是，但是唯独缺少面食，所以每当有客人前来，他们都会准备面食，而突厥饼就是其中一种待遇很高的餐标。

而这道意大利羊肉饼，与香河肉饼比起来“内容”更丰富，虽然都是以牛羊肉为主，但是香河肉饼里面只放葱，而意大利羊肉饼里面还有蔬菜和奶酪，营养味道更均衡，喜欢这一口的食客一定要尝尝

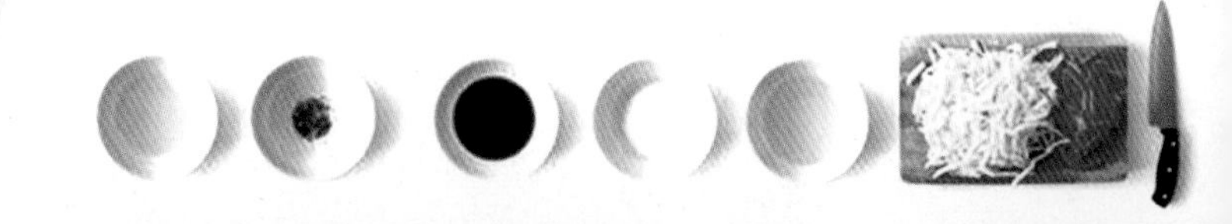

羊肉番茄意面——意大利拉条子

材 料：意大利羊肉饼、西红柿、番茄酱、番茄沙司、芝士粉

羊肉番茄意面，改良版意面，相对于意大利肉酱面，羊肉番茄意面的口味更像是新疆拉条子。由于本人偏爱新疆拉条子，所以这款改良后的羊肉番茄意面更是我的最爱。不过，之所以想做这道菜，还要源于一次做完羊肉剩下的辅料太多，没用完，于是就想到弄一个意大利版的拉条子，没想到味道还真不错，从此成为我家餐桌上的主食。

不仅我喜欢番茄意面，很多国人都喜欢这一口，这也是为什么很多人爱吃拉条子的原因。西红柿是极为大众的食材，百搭不说还被各国人民所喜爱，酸甜口味，不仅好吃，还很有营养。

想吃这道美味其实不用特意做，每次享用完意大利羊肉饼之后，一般来说都会剩下一些食材，不要浪费，只需要稍微动点心思，第二天就能做出另一道美味。生活就是这样精彩，只要开动脑筋就行。

1. 将意面煮好、羊肉饼切碎。西红柿热水烫过去皮切丁。

2. 用橄榄油把西红柿丁炒软，放入番茄酱、番茄沙司炒成酱。依口味加盐、胡椒粉调味后放入意面、羊肉饼碎炒匀，放些芝士粉拌匀后装盘。

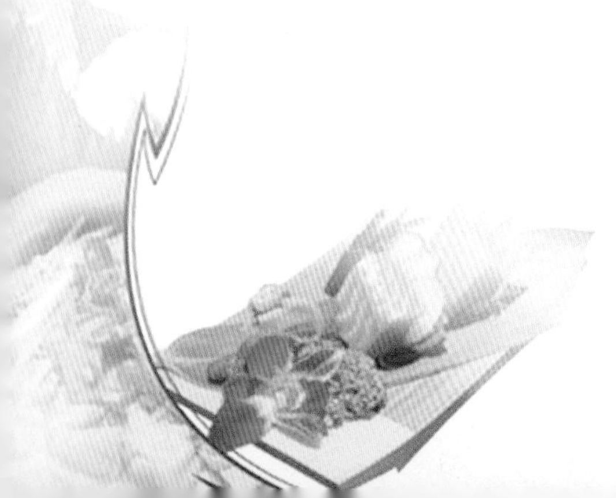

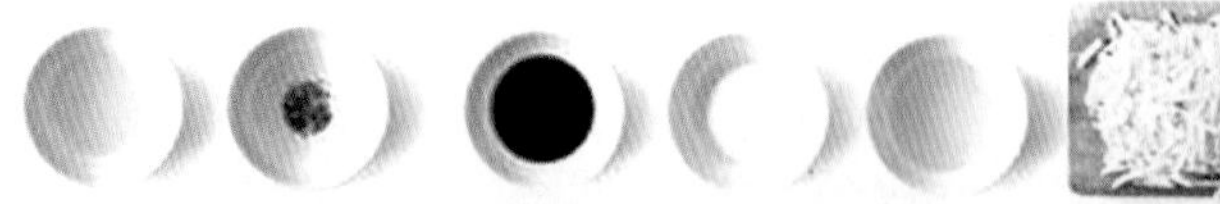

健康碎碎念

番茄，俗称西红柿，由于含有很高的营养价值，其功效也是非同一般，可健胃消食、生津止渴、润肠通便、清热解毒、降脂降压、防癌抗癌等等。

研究证实，番茄中所含番茄红素具有独特的抗氧化作用，能够起到防癌的作用，还有延缓衰老的作用。尤其对于女性朋友来说，因为番茄含胡萝卜素和维生素A、C，能够起到淡化雀斑、美容、抗衰老、护肤等功效。此外，番茄还能预防白内障、夜盲症，起到维护视力的作用。

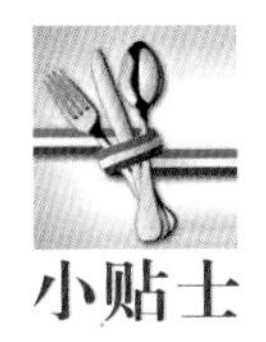

小贴士

这道羊肉番茄意面如何做才能好吃呢？食材的选择很重要。尤其是西红柿的挑选，有棱角的不要，掂着分量太轻的，有可能加入了催红剂。最好的是表层看起来有一层淡淡的粉，而且蒂部圆润、带有淡淡青色的西红柿，这种吃起来最沙最甜。

文化絮语

关于意大利版的“拉条子”也没有太多想说的，还是想提一提意大利人对于意大利面的钟情，下面给大家讲一个二战趣闻，有关意大利战俘逃亡的故事。

当时，与纳粹德国结为同盟的意大利人面临溃败，很多战俘被关押在英国197号战俘营，原本这些战俘很配合，英国人管理起来也很轻松，直到有一天，意大利战俘集体逃跑了，共计197人。仅仅几天之后，这些战俘被找到了，他们到底躲到哪里去了？听后让人哭笑不得，这些人跑到其他战俘营去了。这也算越狱？难道是监狱待久了，想换个环境？正当要将这197名战俘转移回原来的“单位”时，这些纳粹战俘终于表现出了“说不”的勇气，原因千奇百怪，但最多的一条原因竟然是新“单位”的伙食明显比以前的“单位”更好，因为那里能吃到意大利面。

英国人听了直乐。但因为其他的战俘营听说此事之后也开始抗议，强烈要求改善餐饮状况，增加意大利面，出于人道主义考虑，也为了避免再次发生这样离奇的越狱事件，英国人同意每周供应一次意大利面。抗争大获全胜，这些意大利战俘高声唱着意大利民歌，就像打了胜仗的英雄一样“凯旋”回到战俘营去了。

茄汁鲜虾意面——盛夏的欲望

主　料：意大利干面条
辅　料：圣女果、洋葱、胡萝卜、虾仁
调味料：芝士粉、盐、番茄酱、糖、百里香、蒜、橄榄油

这款茄汁鲜虾意面，由经典的红酱搭配海鲜的鲜美，在盛夏时节，绝对可以带给您不错的食欲。我们知道，夏天因为天气炎热，食欲不振是很正常的，那么您必须拿出色香味俱全的“作品”，这样才能勾起自己的食欲。

一天午睡醒来，不知道晚上该吃点什么，突然想起冰箱里还有虾仁和没用完的蔬菜，天气那么热，简单做点意面吃吧。反正爱吃这一口，调料又都齐全，再加上老公买了好些圣女果回来，若是吃不完岂不是要扔掉？怪可惜的，正好利用上。

因为一次要做出全家吃的量，所以锅里看上去满满的，不过味道还是不错的，没有因为量大而有所改变。至于意面的软硬程度还是按照您个人的口味来掌握吧，咱们中国人不太习惯吃硬的，尤其是那种夹生的感觉。至于意面的花式也挑您喜欢的就好，没什么要求。我用的是意大利扁面条，您也可以换成斜切面什么的。

1. 将洋葱、胡萝卜、蒜切碎，虾仁开背去沙线，圣女果切块。意面煮好，橄榄油炒香蒜后放虾仁炒变色盛出备用。

2. 用橄榄油把洋葱炒香，放入胡萝卜炒一会儿，再倒入圣女果炒软后加入番茄酱、糖、盐和适量水熬成酱汁，倒入炒好的虾仁，加百里香，出香味后放入面条并加芝士粉炒匀出锅。

3. 装盘后再撒层芝士粉，点缀薄荷叶。

健康碎碎念

这道菜的营养价值主要体现在虾仁上，虾仁因为清淡爽口，易于消化，老幼皆宜，而深受食客喜爱。此外，虾仁含有丰富的营养价值，虾仁本身含有20%的蛋白质，比鱼、蛋、奶高出几倍甚至十几倍。虽然跟禽肉、鱼肉相比，其所含的人体必需氨基酸中的缬氨酸并不高，但是脂肪含量少。虾仁中的胆固醇含量也比较高，同时含有丰富的能降低人体血清胆固醇的牛磺酸。另外，虾仁中钾、碘、镁、磷等微量元素和维生素A的含量也十分丰富。

虾仁因其营养价值高，尤其适合中老年人、孕妇、心血管病患者、肾虚阳痿、男性不育症、腰脚无力之人食用。虾为动风发物，不适合过敏性鼻炎、支气管炎、皮肤疥癣者食用。

文化絮语

最早的意大利面并不是今天的样子，吃起来连汤挂水，意大利人觉得这样很不方便。因为那会儿人们都是下手抓着吃，因为味道好，吃完后还意犹未尽地把蘸着汁水的十指舔一遍。到了中世纪，一些上层人士觉得这种吃相太难看了，有损形象，于是绞尽脑汁发明了餐叉，面条在餐叉的四个叉齿上绕来绕去，之后送进嘴里更显优雅。餐叉的发明被认为是西方饮食进入文明时代的标志。从这个意义上讲，意大利面功不可没。

再来说说意大利面中两种不可忽视的辅料——辣椒和西红柿。随着人们的想象力不断丰富，这两种从美洲舶来的植物被做成了酱料，其味道受到人们的喜爱。到19世纪末，意大利面已经形成三大著名的酱料体系：番茄底、鲜奶油底和橄榄油底，在此基础上，辅以各种海鲜、蔬菜、水果、香料，形成复杂多变的酱料口味。

至此，意大利面独到的口味就算是形成了，意大利人对其喜爱程度更是到了爱不释手的境地，是百姓生活中离不开的主食。意大利人对面条情有独钟，不断研发味道更好的意大利面，甚至将意大利面的独门配料写进遗嘱，不会轻易传给他人。

意大利千层面 —— 层层浓郁如梦如幻

主　料：意大利干面皮

辅　料：牛肉馅、洋葱、胡萝卜、芹菜、牛奶、马苏里拉奶酪碎、面粉

调味料：橄榄油、黄油、红酒、盐、番茄酱、芝士粉

这道意大利千层面，可谓经典中的经典，是意大利最具代表性的美食之一，肉酱、红酒、芝士、奶酪、蔬菜……层层叠加，口口留香，每一口下去都是梦幻般地感受，会带来前所未有的满足感。如果正好有一杯上等的红酒，再配上威尔第的歌剧，真有点意大利贵族的感觉，真是太让人满足了。

梦醒了，还是让我们回到这道菜的制作上来吧！

1. 蔬菜切碎，干面皮加盐煮软。

2. 红酱：用橄榄油炒香蔬菜碎，放入牛肉馅炒变色盛出。再用橄榄油炒香番茄酱，把蔬菜牛肉馅倒入炒匀，倒入红酒烹香，加适量水、盐，熬煮成酱。

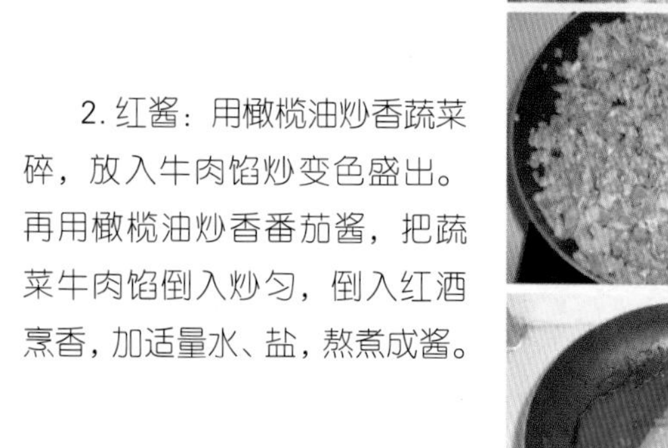

3. 白酱：黄油化开加面粉炒成团，倒入牛奶炒成面糊，加盐调味。

4. 在盘子里抹层红酱，撒上芝士粉，铺一张面皮抹上白酱，再铺一张面皮。如此反复，共放四层面皮五层酱料。撒上马苏，微波炉高火打三分钟至奶酪融化。

健康碎碎念

意大利千层面是一种高碳水化合物、高蛋白的食品，非常美味，不过由于所选食材的种类致使该美味的热量很高，对于正在减肥的人来说，一定要适量食用。

小贴士

选择千面皮时一定注意，务必选择那种专用的，不要用饺子皮之类的代替，口感完全不同。红酒选好一些的，不要用那种几十块钱一大桶的便宜货，那种味道很差。当然，也不用几百块一瓶的，八九十一瓶的足够好了。另外，牛肉馅买回来要看一下颗粒的大小，如果比较大就切几刀。

文化絮语

千层面也叫千层饼，是意大利非常著名的一道菜，并在全世界范围内享有盛誉。意大利千层面属于意式宽面，佐料主要选用西红柿或者番茄酱。意大利千层面尽管每一层的馅料基本一致，但是吃起来的感觉却不一样，它能带来一种巨大的满足感。

关于意大利千层面最早的文字记载，还要追溯到14世纪。在一册那不勒斯的手抄本《烹饪之书》中记载着这道菜肴最初的烹调方式：宽面条煮熟之后，与各种香料及磨碎的奶酪一起层层叠放，然后进行烧制。

培根时蔬披萨 —— 意大利经典风味美食

材　料：披萨饼胚、培根、洋葱、口蘑

调味料：番茄沙司、马苏里拉奶酪、黑橄榄、牛至叶（也叫披萨草）

披萨是意大利的另一代表性美食，地位与意大利面齐平。在中国，爱吃披萨的人很多，个人感觉要超过意大利面。

披萨是一种由特殊的饼底、乳酪、酱汁和馅料做成的具有意大利风味的食品，然而这款经典美食早就超越了文化与饮食习惯的壁障，成为全世界最流行的美食之一。

对于不爱吃面条的人来说，那就来吃饼吧！既然错过了意大利面，就不要再错过披萨了！

1. 蔬菜和培根改刀，黑橄榄去核切碎。

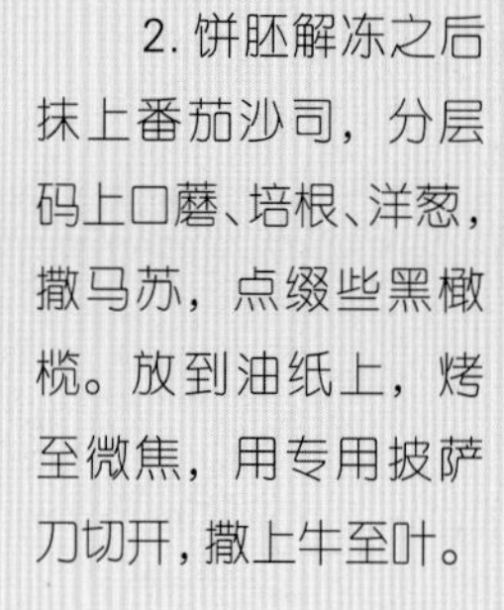

2. 饼胚解冻之后抹上番茄沙司，分层码上口蘑、培根、洋葱，撒马苏，点缀些黑橄榄。放到油纸上，烤至微焦，用专用披萨刀切开，撒上牛至叶。

健康碎碎念

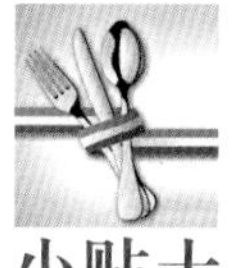

不可否认，披萨是一款高热量食品，然而它确实太好吃了，如何才能更健康地享受美食呢？选择薄皮披萨更健康，显而易见，卡路里含量更低、蛋白含量更少；选择全麦披萨，它的食用纤维比普通披萨饼皮多50%，最好是选择添加了低脂或无脂奶酪以及瘦肉的全麦薄饼皮披萨，如果辅以蔬菜或水果作为点缀就更健康了。

小贴士

我用的是现成的饼皮，对于嫌麻烦或不会弄的人来说十分的方便快捷。

文化絮语

如今，披萨已经成为全世界流行的美食，但是其身世至今没有定论，大部分人都认为它起源于意大利，也有一种声音说披萨其实来自中国。

对于第一个版本，有这样一个小故事：

很久以前，一位意大利母亲正在为食物发愁。家里已经没有什么粮食了，只剩下一些面粉，小儿子饿得直哭。多亏好心的邻居送来了一些番茄与乳酪，这位母亲用这些食材烤制了一张饼给儿子吃，味道竟然十分美味，这就是披萨起源的意大利版。

关于另一个版本，说是披萨起源于中国，同样有一个小故事，显然这个故事更有意思：

当年，意大利著名旅行家马可·波罗先生在中国旅行时爱上了香葱馅饼，回国之后对其念念不忘，但苦于不会烤制。一天，他邀请友人在家中聚会，其中有一位来自那不勒斯的厨师，马可·波罗于是跟他绘声绘色地谈起了在中国吃到的香葱馅饼来。

厨师听后非常兴奋，马上动手开始制作这款美食，但忙活半天也没能把馅料放入面团中。这时，早已过了开饭时间，友人们大眼瞪小眼，已经饿得不行了，见状，马可·波罗提议就将馅料放在面饼上烤着吃。

这次无心之举，让友人们吃后直呼过瘾。这位厨师回到那不勒斯后又进行了改良，配上了那不勒斯的乳酪和作料，结果这款美食大受好评，从此披萨流传开来。

披萨是意大利人的主食，尤其是那不勒斯人更加钟爱披萨，据说他们每周至少要吃一个披萨，有些人甚至顿顿不离披萨。

白酱海鲜意面——淡淡奶香的诱惑

主　料：意面、海虾、蛤蜊

调味料：黄油、橄榄油、胡椒粉、牛奶、盐、欧芹、干葱、蒜

此道美食属于北意菜系，原料基本是面和蛋，配的是白酱，虽然相对于红酱而言人们可能了解的不多，但却非常好吃。

意面中的白酱就相当于中式面条的浇头或煮卤。白酱除了广泛使用于意大利面和披萨中，另外像煎鳕鱼、鸡扒等味道清淡的头盘也会使用。

这款意面的热量虽然很高，但是将奶酪的香浓、海虾与蛤蜊的鲜香、白酱的金黄色泽混在一起，实在让人难以拒绝！

1. 意面加盐煮好，干葱、蒜切碎，海虾剪掉虾须，带壳开背，去沙线。

2. 白酱：先把黄油化开，放面粉炒成面糊，再倒入牛奶搅均匀，加盐，小火煮成酱汁后取出。

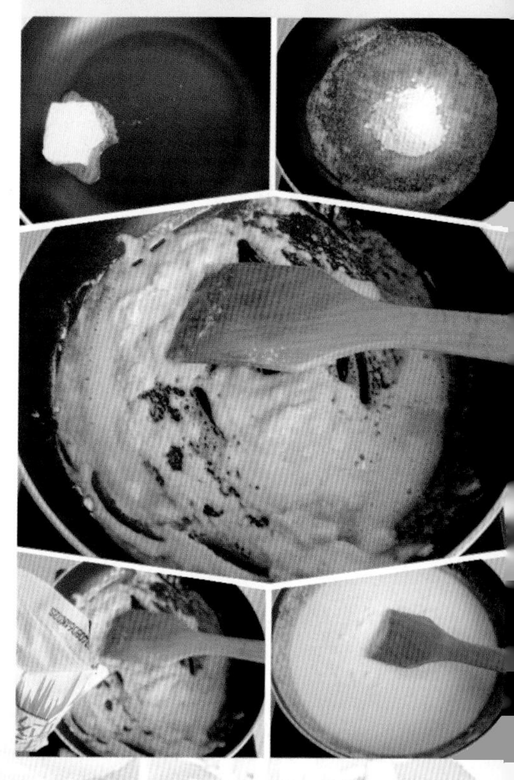

3. 橄榄油炒香干葱和蒜碎，放入海鲜炒熟，加盐、胡椒粉调味。放煮好的意面和酱汁炒匀，撒点欧芹。

小贴士

白酱不要做得太稠，稍微稀一点比较容易跟面条炒匀，不然黏黏的口感不好。

文化絮语

时间会改变很多东西，包括人们的饮食习惯。从前喜欢吃的，也许过几年就没胃口了，这是很正常的现象。而那些历经千年依然传承下来的食物，一定是经典中的经典，意大利面就是其中之一。

如今，全世界意大利面条的年产量已达1000万吨。在意大利，每人每年要吃掉至少28公斤面条，足以证明这道千年美食不可动摇的核心地位。

意大利面条因其口感独特，样式多样，早已成为世界餐饮界的宠儿。在美国纽约，有一个很知名的“7月4日大胃王”比赛，其中就有意大利面条比赛，而且已经成为保留节目。

在全世界范围内，喜欢意大利面的人已经越来越多，100多个国家里，都可以轻松找到意大利面的踪影。甚至在地球之外，它也是一道必不可少的美味——国际空间站的食谱里，意大利面条赫然在列。

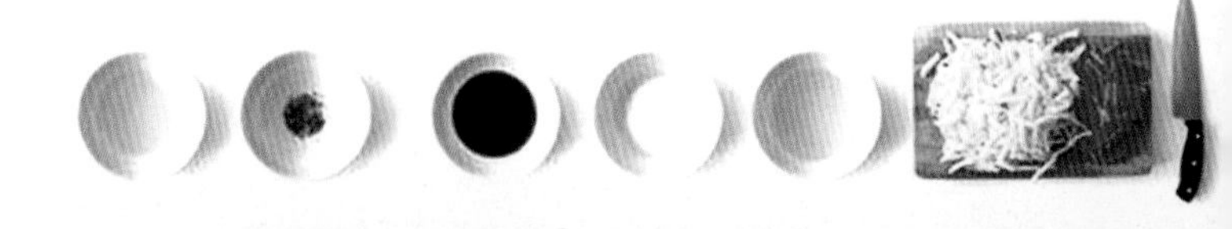

意大利面条汤——可以喝的面条

主料：意大利极细面条
辅料：胡萝卜、洋葱、土豆和西红柿
调料：牛至叶、黑胡椒、香叶、盐、橄榄油

相对于意大利面跟披萨来说，这道意式料理的普及程度并不高，我也是在看电视的时候听说意大利人不仅爱吃面条，他们还喝面条，于是开始留意这道料理的做法。意面中最细最小的那种就是放在汤里煮的，一般就像大米粒那么大，然后连汤带面一起喝。虽然和我们熟悉的意面相距甚远，但确实是意大利面的一种，只不过做出来的是浓汤。

关于这极细的面条，我买的是字母的那种，好像还有别的形状，这种面我也不知道正确的名字怎么叫，但都是特别小的一粒粒的就对了。做法随你的喜好来，没有固定模式。唯一要注意的就是千万别搞的稀汤寡水的，一定要浓。这种做法特别适合不爱吃菜的人，因为都化整为零了，你根本就看不见也吃不出来，只有浓浓的香和番茄的味道。

这种含面条的汤，直译过来叫面条汤，不是汤面。我十分好奇，在超市购物的时候就果断地买了一小包回来准备尝试。意面我做过几次，但这种还真没试过，成品的样子还不错哦！

1. 蔬菜改刀，把土豆、胡萝卜煮软，加少量水打成糊。

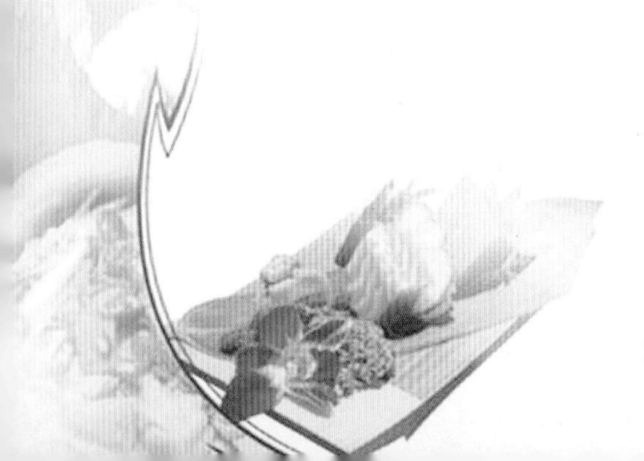

2. 橄榄油炒香洋葱碎，放西红柿丁炒软倒入煮锅里，加水烧开，把鸡肉或者牛肉味浓汤宝入水化开。加牛至叶、黑胡椒、香叶，煮出香味后放入细面条煮熟，取出香叶，放入打好的土豆胡萝卜糊搅散，加盐调味，待汤汁浓稠即可。

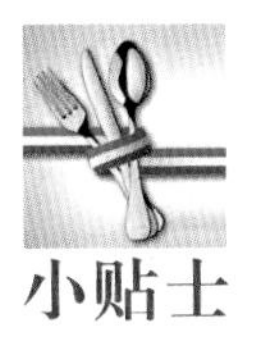

小贴士

懒人可以选用浓汤宝，用来代替高汤，您要喜欢自己煮高汤当然也可以。

文化絮语

在必胜客，有很多汤品，但是还真没见过这种面条汤，也许是因为太简单不够档次的缘故吧。不过，它的味道一点都不差，适合家庭餐桌。

面条汤是老百姓经常吃的，连汤挂水，稀里哗啦吃下去很舒服，再加上制作简单，所以犯懒的时候，人们就习惯做点面条汤吃。而讲究的意大利人是多么爱吃西红柿啊，就连意大利面条汤也要熬成鲜红的颜色，这样吃起来才够味。虽然比我们的面条汤复杂一些，但偶尔换换口味也不错。

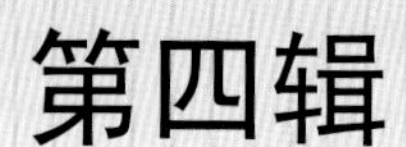

泰式诱惑：唇边摇曳的东南亚味道

一部电影《泰囧》让人们知道了这个东南亚国家，并将其作为旅行首选之国，去了之后发现泰式美食的诱惑要比电影更直接，更有冲击力。以酸辣为主的各式美食吃到让人停不下来。还等什么，为了一饱口福，出发吧！

菠萝饭——泰国的招牌菜

主　料：泰国香米
辅　料：菠萝、西红柿、鸡蛋、虾仁
调味料：干葱、红椒、咖喱粉、鱼露、耗油、味精、鸡精

菠萝饭，又叫凤梨饭，这是泰国的一道招牌菜，去泰国旅游时一定不要错过。泰国菜以酸辣为主，这道菜的主食又是菠萝，所以吃起来酸酸甜甜。我国北方人可能吃不惯，但是上海人却非常喜欢，此外由于造型独特美观，更是深受很多小女生的青睐。

泰国菠萝饭色彩极为鲜艳，看着就让人垂涎三尺，金黄色的米饭盛在菠萝壳之上，视觉冲击非常强烈。

1. 香米煮成饭，晾凉，放一个鸡蛋拌匀。米饭炒松散，加咖喱粉炒匀。

2. 西红柿去皮切丁，菠萝肉切丁，干葱和红椒切丁，虾剥皮开背去沙线。

3. 用底油炒香干葱，加虾、红椒炒变色。倒入米饭，加鱼露、耗油、味精、鸡精炒匀。倒入西红柿和菠萝炒匀即可。

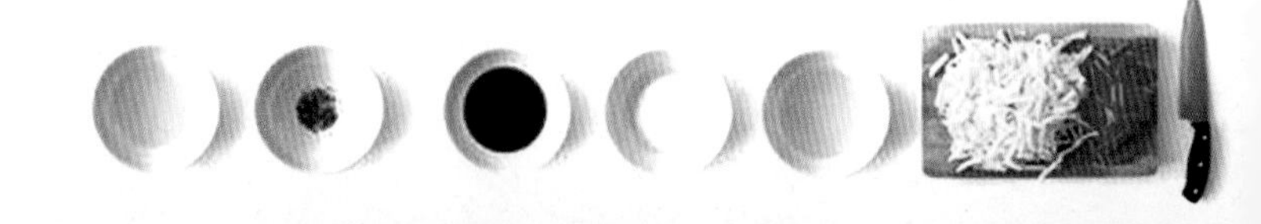

健康碎碎念

炒米饭能有什么营养？那要看你用什么炒。菠萝中含有丰富的维生素A、B、C，钙、磷、钾等矿物质，其中一种叫“菠萝朊酶”的物质能分解蛋白质，溶解阻塞于组织中的纤维蛋白和血凝块。此外，菠萝还有利尿的作用，适合肾炎和高血压病人食用。

当然，如果您对菠萝过敏，那么就要忍痛放弃这道美食了，这是俗称的“菠萝病”。如果太想吃，最好将菠萝用盐水泡一下，不过咱们这道菜，已经把菠萝翻炒了一遍，问题应该不太大了。

小贴士

菠萝饭最好是选用泰国香米，毕竟是炒米饭，米饭的质量决定一切，用香米炒饭味道会不一样哦。

文化絮语

泰国盛产水果，可谓是水果的王国，泰国人民也喜欢以水果入菜，这一点跟当地的炎热气候有很大关系。水果的酸甜正好开胃，也同时补充了人体的消耗。看到国内网络上很多喜欢美食的人以及去泰国旅游的人都对菠萝饭念念不忘，足以证明，这是一道不可不尝的美味。

在泰国，菠萝饭是一道招牌菜，是人们平常经常吃的主食，估计跟咱们常吃的蛋炒饭、什锦炒饭差不多，只不过因为用料的关系，国人对它的感觉应该还是蛮新奇的。不过傣族人民对它的味道应该是很熟悉的，毕竟这两个地区自古以来料理都差不多。泰餐是出了名的酸辣，我喜欢这味道所以自然不觉得怎样，其实我倒觉得这味道是会吃上瘾的。至于酸辣，老实说我没觉得有多辣，可能跟我平时比较喜欢吃辣有关吧，耐受度比一般人高些。

泰式海鲜炒面——独具热带风情的炒面

主　料：挂面

辅　料：海鲜、里脊、绿叶菜

调味料：小米椒、椰子粉（或椰浆）、青柠檬汁、白糖、鱼露、味精适量

自从去过泰国之后，便对泰国菜产生了浓厚的兴致，无意中看到了一盘海鲜炒面，觉得还不错，尤其是鱼露和椰浆的运用，起到了画龙点睛的作用，很有热带风情，不信您看看成品。

1.先将新鲜面条煮至七成熟，捞出过凉，加食用油拌匀。

2.肉片加入少许盐入味，青菜改刀。底油把小米椒、肉片、海鲜爆炒出香味，盛出备用。底油把青菜炒软，盛出。

3.面条用筷子翻炒一下，加入一勺量的鱼露、一小勺椰子粉、适量柠檬汁、一勺白糖调味。加入之前炒好的海鲜、肉片、青菜，适量味精拌匀后立即出锅。

健康碎碎念

泰国是一个临海的热带国家，气候炎热，雨量充沛，阳光充足，所以这里的蔬菜、水果、海鲜都极为丰富，这也是泰国菜用料主要以此为主的原因，也让泰国菜具有了很高的营养价值。大虾，肉片，绿叶菜，这一道海鲜炒面的营养成分都摆在那了，不说也罢。

文化絮语

炒面是一种常见的主食，世界上很多国家都有，而且种类繁多。炒面在清朝末期传入美国，美式英语有一个词汇叫“Chow Mein”，即为炒面的意思。

泰式炒面以泰国干米、虾和泰式鱼酱为主料，配以其他食材制作而成，口味独特。因辅料多，营养价值也很高。

这道菜的关键在于一定要选择泰国调味料，这样才能吃出浓郁的东南亚风味。

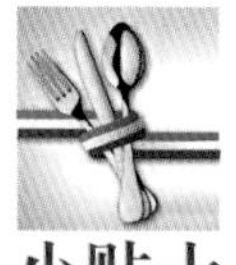

小贴士

鱼露，又称鱼酱油，是广东、福建等地常见的调味品，由于是发酵的产物，所以可能有的人吃不惯那种味道。我还行，毕竟在海边长大，我们这素来也有拿虾头做虾酱的传统，所以那味道我很熟悉了。如果担心的话一开始可以少放一些，等吃几次之后再加量。

泰式炒河粉——泰国人的主食之一

主　料：泰国河粉

辅　料：鸡蛋、海鲜、豆芽

调味料：洋葱、小米椒、蒜、糖、醋、鱼露、香葱

泰式炒河粉是泰国人平时经常吃的主食，因为简单易做，并且十分美味，所以很受泰国人喜欢。不仅如此，泰式炒河粉在游客心目中的地位也颇高，甚至很多外国人都是慕名而来，他们用生硬的泰语说着“pad thai”。

澳洲在线订餐网站的调查显示，在悉尼，最有人气的外卖竟然是泰式炒河粉，而让中国人感到自豪的中餐竟然只能排名第四。可见这款美食的不凡魅力。

1. 河粉煮软，过凉，加少许油拌匀备用。洋葱、小米椒、蒜捣成辣酱。

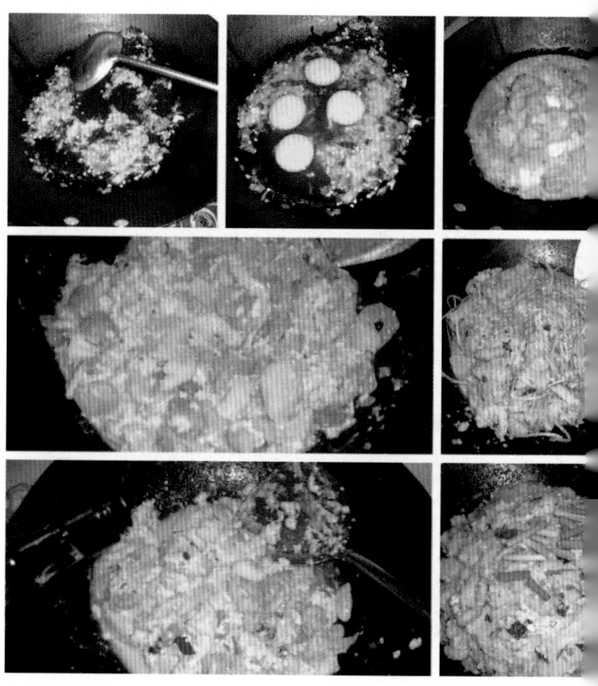

2. 底油炒香辣酱，放入四个鸡蛋搅散。趁鸡蛋未凝固放入海鲜炒匀，加入豆芽、糖、醋、鱼露调味，放入河粉炒匀，加香葱段。

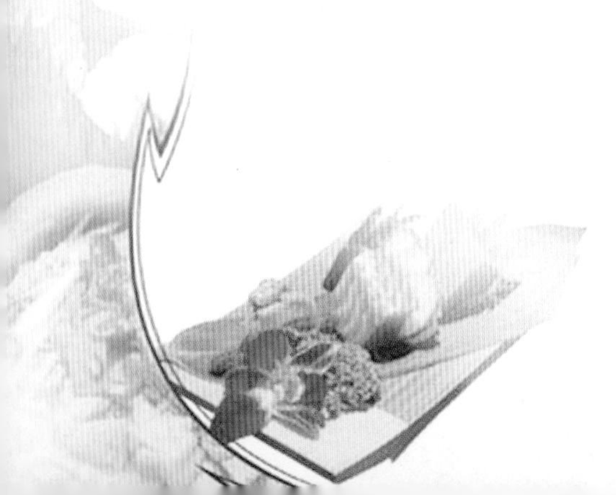

健康碎碎念

河粉富含碳水化合物和糖分，能够为身体提供能量；河粉还包含膳食纤维，有助于调节脂肪代谢，增强肠道功能。

由于碳水化合物能够补充大脑消耗的葡萄糖，所以对于缓解大脑由于葡萄糖供给不足而出现的疲惫、易怒、沮丧、头晕、失眠、盗汗、注意力涣散等症状有好处。另外，河粉还能增加免疫细胞的活性，消除体内的有毒有害物质。

小贴士

河粉像面条，但口感又不是面条，北方人可能吃不饱，所以拿来当调剂品还是很不错的。

文化絮语

泰式炒河粉其实源自于中国，是由中国的潮汕人带到泰国去的，所以和我们常吃的河粉做法很相似。但是经过泰国口味的改良，现在的泰式炒河粉独具特色，并且早已将中国的炒河粉甩在身后，成为世界级美食了。

河粉，又称沙河粉，1860年出自广东省广州市沙河，所以因此得名。河粉像面条，但比较薄，更光滑，更有光泽，南方人更喜欢吃，而北方人则更喜欢面条。

无论怎样，河粉还是咱们中国人发明的，只不过人家泰国人做得更好吃，在全世界都出名了。

泰式绿咖喱鸡——咖喱中的小清新

主　料：鲜鸡一只
辅　料：茄子、红椒
调味料：绿咖喱酱、椰奶、罗勒、鱼露、糖

泰国美食因其善用咖喱而闻名，这道菜也是如此，它是泰国的代表性菜肴。最初我怎么也没弄懂绿咖喱鸡是怎么回事，以为做出来的鸡是绿色的，后来才知道，是因为用了绿咖喱酱，所以才有了这么一个小清新的名字。

众所周知，泰国菜的灵魂在于调味，因此那些地道的泰国调料自然是缺一不可。由于有一阵子钟情于泰国菜，就跑到超市的进口食品区，买回了各种各样的泰国调味料，其中就包括绿咖喱酱。

如果你以为这道菜做完是绿色的，那可能要大失所望了，因为我用的是红色的柿子椒。

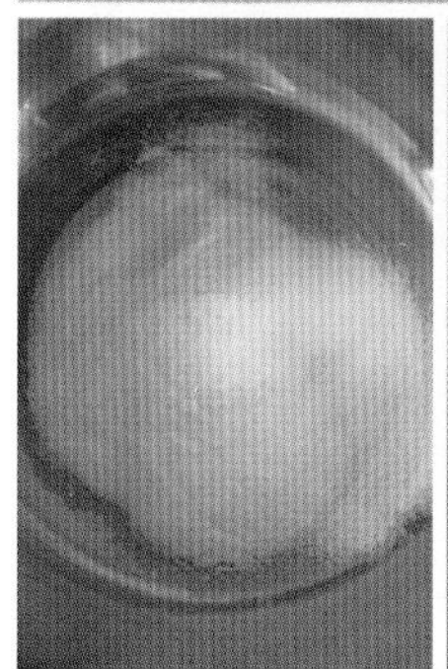

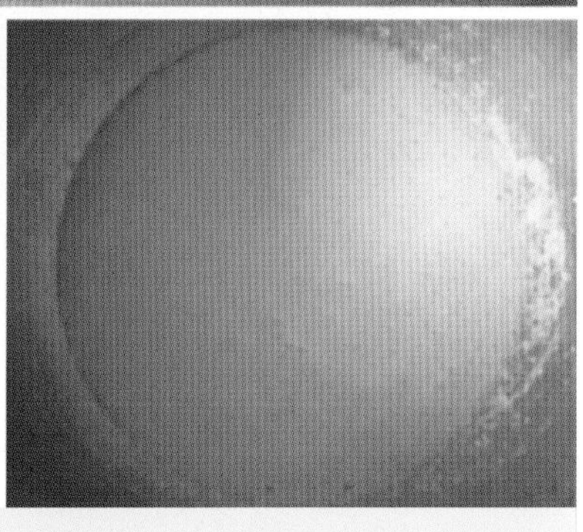

1. 鸡切块，茄子切块，红椒去籽切块。椰粉加水调开，如果用的是椰浆这步可以省略。

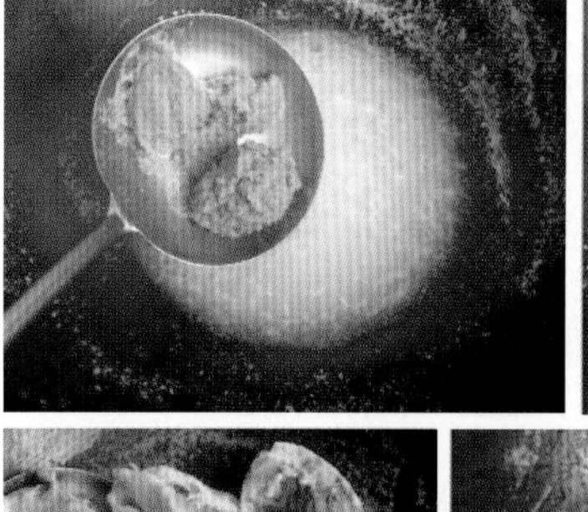

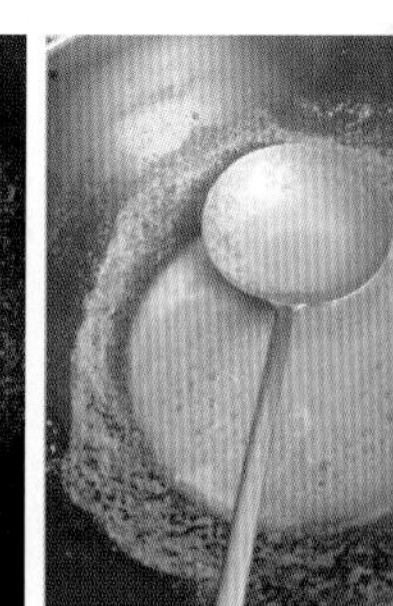

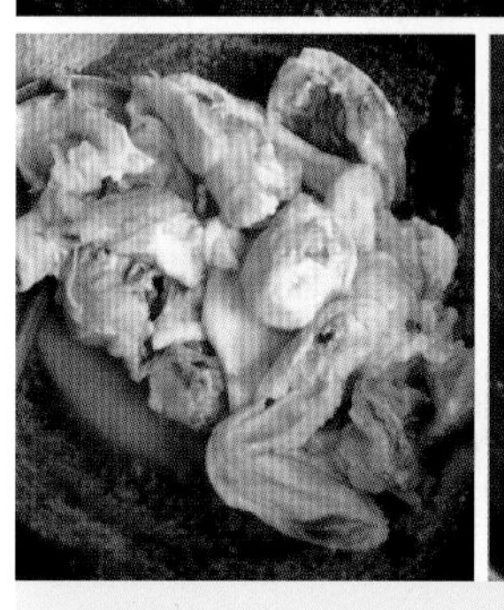

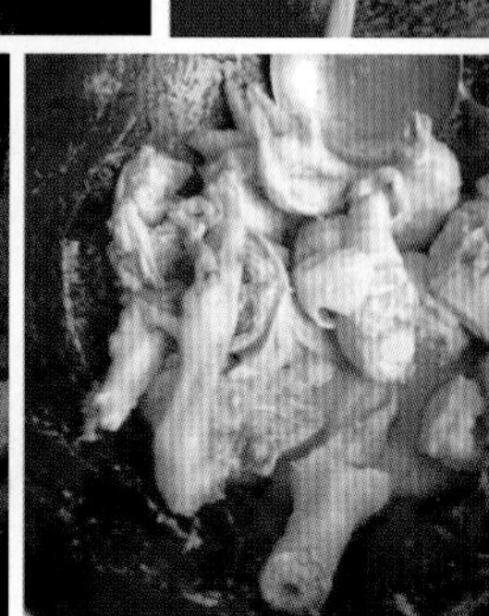

2. 锅中放部分椰汁煮开，放入绿咖喱酱炒香，倒入鸡块炒变色。

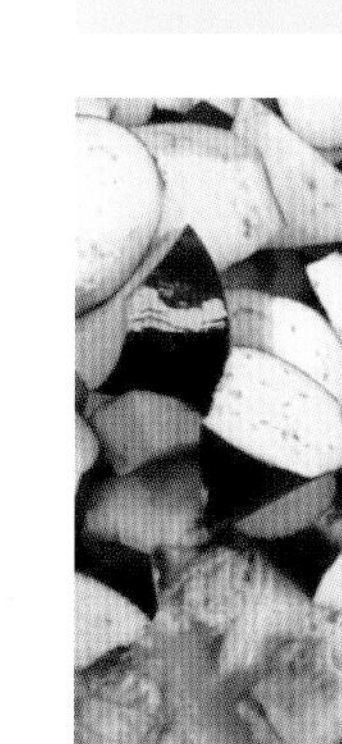

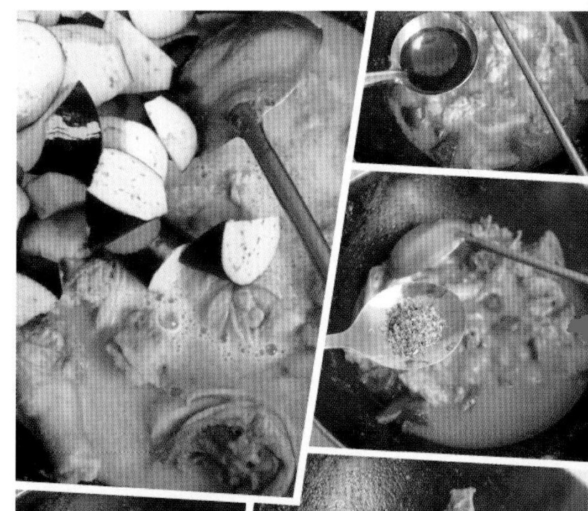

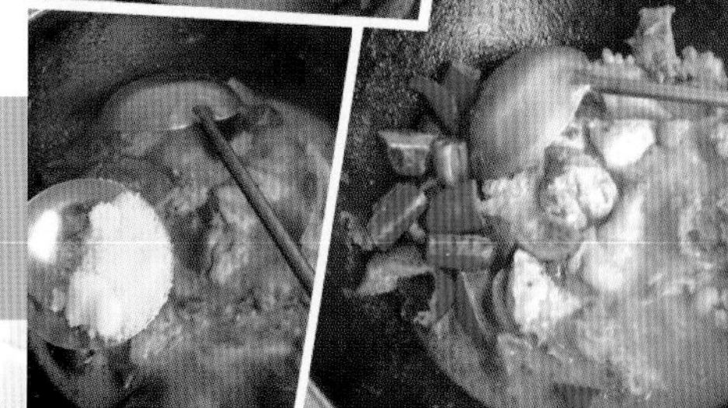

3. 倒入另一些椰汁，放入茄子，煮熟。加鱼露、糖调味，放入红椒片和罗勒叶煮出香味即可。

健康碎碎念

鸡肉也是好东西，营养价值很高，尤其含有促进人体发育的磷脂类，是中国人膳食结构重要的组成部分。常吃鸡肉，对于营养不良、畏寒怕冷、疲劳乏力、月经不调、贫血、虚弱等症状可以起到很好的食疗作用。

再来看看咖喱的健康功效，首先它能增进食欲，这就不多说了，吃过的人都知道。其次，因为辛辣的口味，能够促进血液循环，达到发汗的目的。此外，美国癌症研究协会的研究指出，咖喱内所含的姜黄素具有激活肝细胞并抑制癌细胞的功能，对于肝病和癌症的预防能起到一定的作用。

文化絮语

泰国以咖喱而闻名于世，青红咖喱更是其代表性标致，与印度传统咖喱有明显的区别。咖喱有极强的吸纳包容特性，任何食材都可以拿来跟咖喱一起做。别以为这道绿咖喱鸡有多么复杂，其实与中国菜繁杂的用料以及制作过程相比，我觉得泰国菜真的简单多了。

小贴士

如果想让这道绿咖喱鸡像它的名字一样，变得清爽怡人，你可以多放一些青菜，比如用四季豆、绿叶菜做点缀即可，小清新的感觉瞬间就出来了。

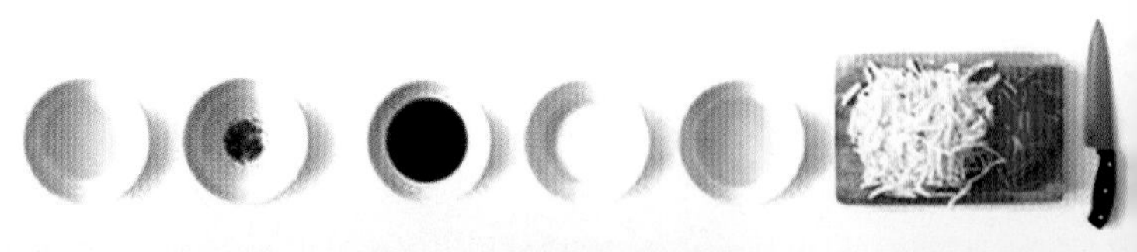

红咖喱牛腩——最火辣的视觉盛宴

材　料：牛腩、土豆、洋葱
调味料：蒜、红咖喱酱、椰粉、青柠檬汁、盐、鱼露、罗勒、糖

当金黄色的土豆“遭遇”红咖喱，营造出一种超级火辣的视觉冲击，配上超喜欢的牛腩，每一次都能让我胃口大开。咖喱配牛肉，这是地球人都知道的经典搭配，而这道菜的点睛之笔就在于红咖喱的使用，当醇香的牛肉、金黄的土豆撞上火红的咖喱，无论是视觉还是味觉，都能带给您极大的满足与享受。

1. 牛腩切块用清水浸泡半小时后焯至变色。

2. 洋葱、土豆改刀，大蒜切碎。油热放入蒜碎和洋葱焯炒至洋葱透明，加入红咖喱酱炒香，加入牛腩翻炒均匀。

3. 将以上材料放入高压锅，加入椰粉和适量开水，压 20 分钟倒出来，加入适量青柠汁、盐、鱼露、罗勒、糖调味。

健康碎碎念

牛腩是靠近牛腹部与牛肋处的松软肌肉，是指带有筋、肉、油花的肉块，牛腩是一种统称。牛腩含有高质量的蛋白质，含有全部种类的氨基酸。此外，牛腩的脂肪含量很低，并且富含矿物质维生素B群等多种人体所需元素。

需要注意的是，患有感染性疾病、肝病、肾病的人需要谨慎食用，而患有疮疥湿疹、痘痧、瘙痒者最好不吃。由于牛腩是高胆固醇、高脂肪食物，所以消化力较弱的人不宜多吃。

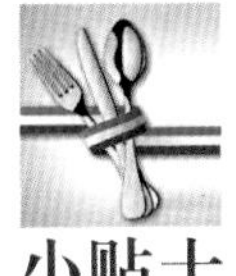

小贴士

在做咖喱的时候可以把泰国香米煮成米饭，这种米糯性不大，所以煮好之后还是粒粒分明的。

文化絮语

这道红咖喱牛腩鲜香浓郁，各种调味品达到了微妙的平衡。肉的胶质充分析出，吃上一口齿颊留香，香的黏嘴。其实所谓的青红咖喱就是用青红辣椒为主料做成的咖喱，咱们熟悉的黄咖喱主料是姜黄，所以才是黄色，知道了这一点也就不觉得泰国咖喱神秘了。而泰国菜跟中国菜差不多，都是把菜和饭单独盛放的，个人按需要从大碗里取。

泰式咖喱主要分为绿咖喱、红咖喱和黄咖喱，其中绿咖喱较为流行。那么三种咖喱有何区别呢？个人感觉，红咖喱味道较辣，口味更重；绿咖喱由于加入了芫茜和青柠皮等材料，口味偏酸，略带辣味，刺激性相比红咖喱要小一点；而黄咖喱则属于百搭型，口味比较温和。

红咖喱海鲜烩——吹响小海鲜集结号

主　料：海虾、鱿鱼、蛤蜊、蛏子
辅　料：杏鲍菇、青红椒、胡萝卜、洋葱
调味料：椰汁、红咖喱膏、葱姜、黑胡椒、油、盐

这道红咖喱海鲜烩，让小海鲜在浓郁的咖喱汤汁中尽情翻滚一番，盛出来之后不仅色美而且味道还很棒。泰国靠海，所以海鲜也是泰国人餐桌上的主食，真是让人羡慕啊！这道菜很简单，也是一道泰国传统菜，将各种小海鲜与红咖喱一起烩，出锅后发现味道还不错哦。

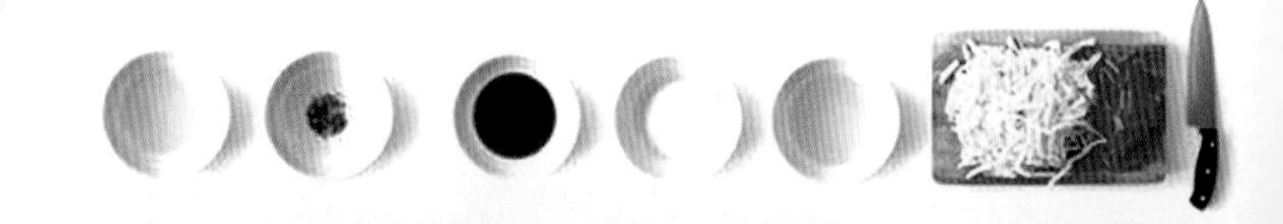

1. 蔬菜改刀，海鲜洗净，黑胡椒碾碎。

2. 底油炒香葱姜，加蔬菜炒香，加红咖喱炒上色，放入虾炒变色。

3. 加水、其他海鲜、盐、黑胡椒碎、煮至壳全部打开。放入青红椒、椰汁，出香味后关火。

健康碎碎念

这道菜的营养价值都在海鲜之中，虾中富含维生素A，可保护眼睛；还有维生素B群，能消除疲劳，增强体力。

鱿鱼同样含有丰富的钙、磷、铁元素，对骨骼发育有益，还能防贫血。不过，患有高血脂、高胆固醇血症、动脉硬化等心血管病及肝病患者要慎食。

蛤蜊具有降低血清和胆固醇作用，不过由于是发物，宿疾者慎食，脾胃不好的人少吃。

蛏子也含有丰富的蛋白质、钙、铁、硒、维生素A等营养元素，具有补虚、补阴、清热、除烦等功效。

很多人喜欢边吃海鲜边喝啤酒，虽然很爽，但是很容易引起痛风，一定要引起注意。

文化絮语

别看这道菜简单，它也算是泰国响当当的饮食名片之一。去泰国旅游的时候除了菠萝饭、炒河粉、咖喱鸡、咖喱牛肉之外，另一道不能错过的就要属海鲜烩了。看名字就知道这道菜是把多种海鲜放在一锅里给做了，相应的还有绿咖喱海鲜烩，可以根据个人口味选择。

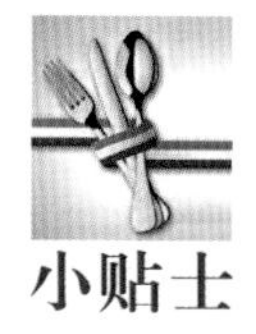

小贴士

一般来说选择的海鲜最好是甲壳类的，别是一整条大鱼就成，好熟是最关键的。能吃辣的人椰汁少加，反之多加。

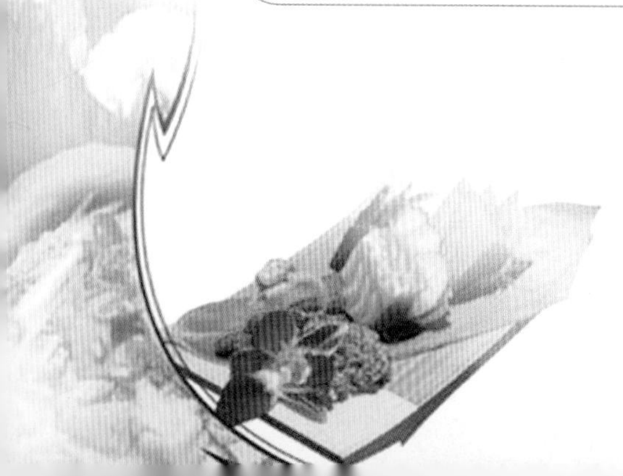

冬阴功——世界十大名汤之一

主料：杏鲍菇、虾

调料：香茅草、青柠檬汁、高良姜、香叶、柠檬叶、冬阴功酱、辣椒、香菜、椰粉、鱼露

冬阴功可谓是泰国的饮食名片，是最出名的一道泰国菜，其实就是酸辣汤配大虾，当然味道跟咱们常喝的酸辣汤肯定不一样。

提起泰餐，不仅是国人，全世界的游客都会先想到冬阴功这道酸辣虾汤，可以说，它早已享誉全球了。不管您是去泰国旅游还是去泰餐厅尝鲜，这道菜一定会出现在您的餐桌之上，多少人为它疯狂，更有多少人对它赞赏有加。

去泰国，绝对不能错过冬阴功，就像去韩国不能错过大酱汤一样。如果是冬天，喝一碗又酸又辣的冬阴功汤，实在是开胃的好东西。

1. 杏鲍菇切片，辣椒、香菜改刀，椰粉用热水冲开调成椰浆。锅中加水，放入各种香料、香菜、小辣椒煮出香味后捞出材料，加冬阴功酱、椰浆、鱼露调味。

2. 放入杏鲍菇、虾煮熟，最后加青柠檬汁即可出锅。

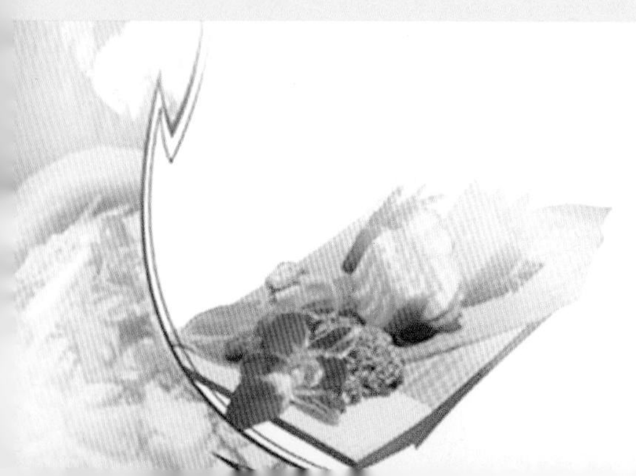

健康碎碎念

冬阴功汤具有丰富的营养价值，因为其在食材选用上非常讲究，具有很好的养生效果。曾有研究显示，常喝冬阴功汤的人，患癌症几率要比不喝的人低很多。日本相关研究也表明，冬阴功汤可以抑制消化道肿瘤的生长。

对于常年湿热的泰国，冬阴功汤还有明显的驱湿作用，泰国卫生部也鼓励国人多吃辣椒，强身健体，而冬阴功汤正是不错的选择，因为它实在太辣了。

小贴士

蘑菇的种类不一定只限杏鲍菇，如果你喜欢吃多放几种也是极好的。

文化絮语

冬阴功汤，也叫东炎汤。除了泰国，其他东南亚国家也很流行。当然，泰国的冬阴功汤才是最出名的。

冬阴功汤非常辣，因为里面放了很多咖喱，一般人第一次吃还不习惯，但是一旦习惯之后，就会对它念念不忘。

冬阴功汤曾是泰国的国汤，据说18世纪泰国吞武里王朝时期，华人郑信王当政，有一次淼运公主生病了，没有食欲，郑信王见状很着急，就让御厨给公主做点开胃汤。

公主在喝下这碗汤之后，通体舒畅，食欲增加，病情有所减轻。郑信王遂将其名为冬阴功汤，并定为“国汤”。这就是冬阴功汤的由来。

第五辑

韩式料理：异彩纷呈的韩式美食

提到韩国美食，两样东西就可以道出其精华，大酱与泡菜，这是韩国料理的精髓，也是韩国饮食文化的象征。韩餐也许没有想象中的精美，但却代表了一个民族的饮食习惯，关键是一点都不难吃。

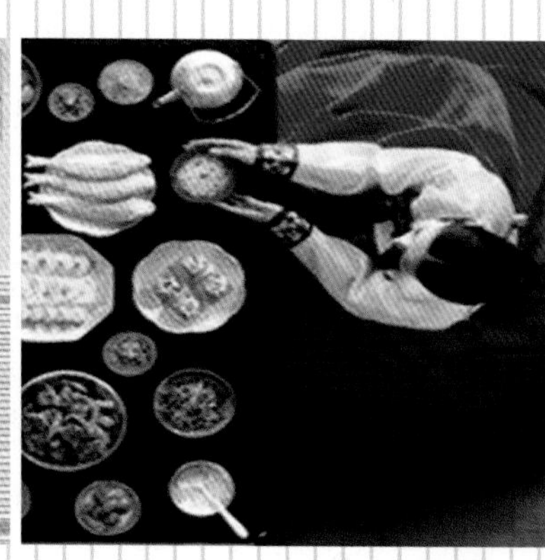

大酱汤——大韩民族的国汤

材料：韩国大酱、韩国辣酱、蛤蜊、蔬菜、豆腐、淘米水

大酱汤绝对可以算作大韩民族的国汤，上至总统，下至平民百姓，家家餐桌上都少不了这道传统菜品。据说，韩国人每天早上都喝它，可见人们对它的喜爱程度。

大酱汤之所以能在韩国源远流长，不仅是因为口味独特，更是由于这款汤品营养丰富，而且制作简便。

1. 大米洗净后加水用力揉至水乳白，在洗米水中放入 5 勺韩国大酱（超市有卖的，用别的大酱味道不够纯正）、1 勺辣酱，搅匀。

2. 煮开去沫，放入蔬菜和豆腐，煮几分钟。

3. 放入几个蚬子（也叫蛤蜊）煮熟即可。

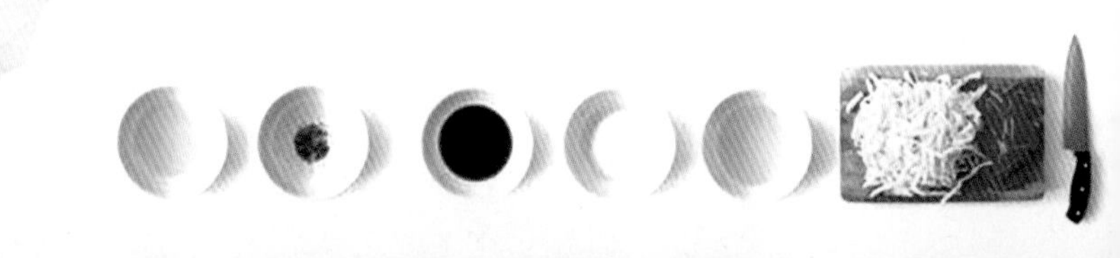

健康碎碎念

大酱是由黄豆经过特殊工艺加工而成的，黄豆中含有一种叫作异戊醛的天然植物激素，能够预防乳腺癌，还能降低与激素相关的各种肿瘤的发病率。曾经有研究人员做过实验，报告指出，只要女性每天喝三四碗大酱汤，患乳腺癌的几率可以下降40%。就像那句谚语所说：“每天一碗大酱汤，一辈子不用开药方。”

此外，每天喝一碗大酱汤，还能有效抑制胃溃疡的发病率，因为大酱中的酵母利于消化。另外大酱汤所含的卵磷脂、维生素能使脑细胞更加活跃，所以非常适合学生们食用。

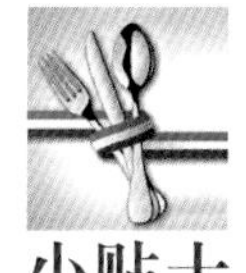

小贴士

可以根据自己的喜好选择蔬菜，并且一定要用韩国产的大酱和辣酱，不然味道会不对哦。

文化絮语

韩国大酱历经多年，一直被视为国食，韩国女人以会做大酱为荣，古人甚至将制作大酱视为一件非常神圣的事情，所以女人在做大酱前三天就开始回避一切有伤大雅之事，而且在做大酱当天必须沐浴斋戒。甚至更迷信的说法是，女人在做大酱的时候，要用宣纸将嘴蒙住，以防阴气扩散。

古时候贵族人家在娶长媳时，最关心的不是女人长得有多漂亮，多能干，而是看她做酱的手艺。听说，想要掌握这门绝活儿至少要学习36种做酱秘法。

看过《大长今》的人都该知道，有一年皇宫里的大酱突然变味了，整个朝廷上下都乱套了。因为上至皇帝，下至百姓，都认为大酱的味道预示着国家的兴衰，所以味道突变对他们来说是无法接受的，于是人们纷纷为大酱祈福，也是在为国家祈福。

在韩国历史上，每当重大战事或灾难发生时，君主都会出去避难，而一位叫作“合酱使”的官员，则会先行到达避难所，他去干嘛呢？备好大酱！

据说在朝鲜宣祖年间，朝鲜受到日本入侵，当时的君主任命了一位姓申的合酱使，结果遭到众大臣集体反对，原因竟然是“申”的发音和“酸”的发音一样。大臣们迷信地认为，任命申姓官员做酱，味道肯定会变酸，而国家命运则会岌岌可危。

以上种种，不难看出大酱在韩国饮食文化中的特殊地位。

韩式鱿鱼饭——最下饭的韩式拌饭

主料：鱿鱼、青红椒、洋葱

配料：调味料、番茄酱、韩式辣酱、蜂蜜、黑白芝麻、辣椒面、柠檬汁等

韩国菜比较受欢迎主要还是因为辣，毕竟嗜辣如命的人很多。提起韩餐，大家耳熟能详的一定就是各种拌饭系列了，这也是最早让我们对韩餐有具体印象的经典代表。其中大众最熟悉的是石锅拌饭，也叫石碗拌饭。

韩式鱿鱼饭乃拌饭家族的分支，鲜嫩鱿鱼搭配甜辣酱，下饭专属，十分过瘾，喜欢海味的朋友不要错过呦。

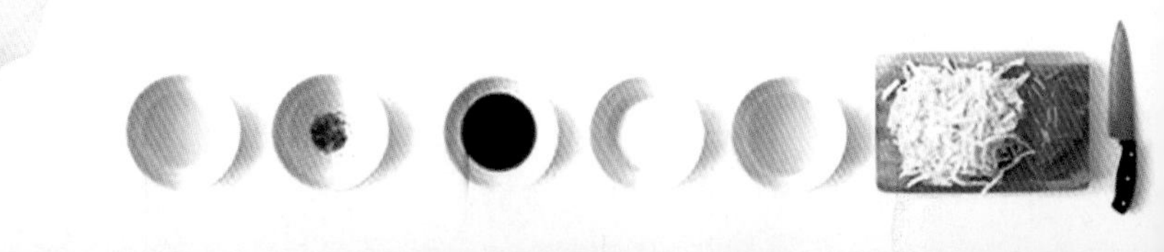

1. 鱿鱼洗净切开去掉内脏，打十字花刀后切成小块。水烧开加几滴柠檬汁把鱿鱼焯一下。

2. 韩式辣酱、番茄酱、蜂蜜、辣椒面、糖、盐、香油、生抽、 白芝麻、水适量，拌匀。

3. 用底油把姜片、蒜片爆香，加入洋葱丝、青红椒块炒熟放入鱿鱼，倒入调好的酱炒匀，撒上芝麻。

4. 装盘，把米饭在碗中压实后扣在盘子里，再将炒好的鱿鱼放在边上，并煎个太阳蛋放在米饭上，最后撒上点黑芝麻点缀一下。

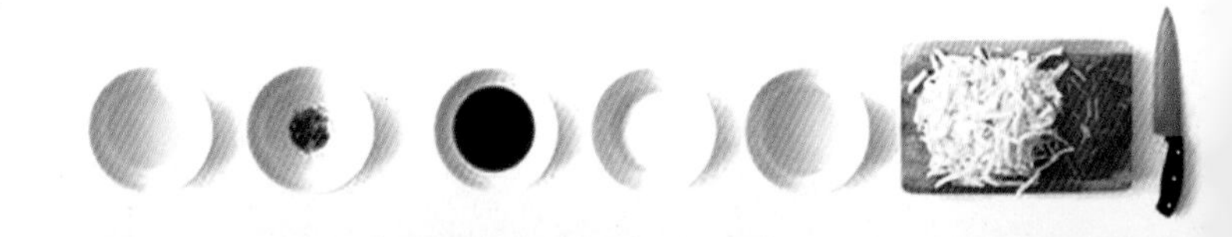

健康碎碎念

拌饭里蕴涵着“五行五脏五色”的原理，蔬菜类如菠菜、芹菜等五行属木利肝脏，生牛肉片、辣椒酱等五行属火利心脏，蛋黄、核桃、松子等黄色食品五行属土利脾脏，萝卜、蛋白等白色食品五行属金利肺脏，海带、香菇等黑色食品五行属水利肾脏。

而这道韩式鱿鱼饭最有营养价值的当然是鱿鱼。鱿鱼，也称柔鱼、枪乌贼，营养价值很高，是名贵的海产品，富含丰富的营养元素，对于治疗贫血很有作用，此外还有缓解疲劳、恢复视力、滋阴养胃、补虚润肤、改善肝脏等功能。

因为鱿鱼体内含有一种多肽成分，所以要煮熟了吃，如果食用未煮透的鱿鱼，可能会导致肠运动失调。另外，有一种说法是“吃一口鱿鱼等于吃四十口肥肉”，不建议有高血脂、高胆固醇血症、动脉硬化等心血管病及肝病患者食用。的确，鱿鱼的胆固醇含量确实挺高，但绝没有这么夸张，上述病症患者适当食用还是没问题的。

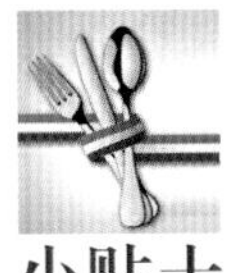

小贴士

享受这道美食的时候把蛋和米饭拌匀一起吃，因为蛋黄还是液体状的。开始可能会有那么一点点的不适应，味道稍微有点怪。不过我相信不是所有人都会有这种感觉的，我本人一开始真的不适应这么吃，生鸡蛋的味道多少有点腥。还是那话，吃几次之后就好了。

文化絮语

韩国拌饭是韩国宫廷菜之一，其中最知名的当属“全州拌饭”，因为拌饭的发源地为韩国全州，后来演变为韩国的代表性食物。

可以说，拌饭是韩国文化的一种象征，简单来说，就是将很多东西混合在一起形成的。韩国文化是东西方文化的混合体，而西方社会用上百年走完的路，在韩国只用了短短30年就实现了。

在文化方面，韩国之前受到中国文化的影响很大，近代以后，则更多地受到日本及西方文化的影响。所以说，韩国是一种混性文化，就像是韩式拌饭，混杂在一起。

说到拌饭的起源，有一种说法是：在古代，人们用祭祀祖先后剩下的饭菜搅拌在一起，放上辣椒酱等调味品拌着吃，这种习惯就是拌饭的起源，所以至今有些地方还将拌饭称作“祭祀饭”。还有一种说法：在朝鲜时代，大年三十晚上，为了不留剩饭过年，人们习惯把剩下的饭菜拌在一起吃，人们叫它“古董饭”。

辣白菜炒五花肉 & 辣白菜五花肉炒饭——辣白菜两吃新法

辣白菜炒五花肉食材：辣白菜、五花肉、洋葱、香葱、盐、牛肉粉

这两道菜都是很平常的韩式家庭料理，属于家常菜系列，韩国人包括我国的朝鲜族平时都会经常做这道菜吃。

辣白菜是朝鲜族世代相传的一种佐餐食品，在韩国，这也是人们餐桌上必备的美味。很多国人也知道辣白菜出名，但是买回家后却不知道怎么吃，有些人当咸菜生吃，有些人除了煮汤之外就不知道该拿它怎么办了。实际上，辣白菜的适应性还是蛮高的，可炖，可炒，可生吃，全看您想怎么吃了。

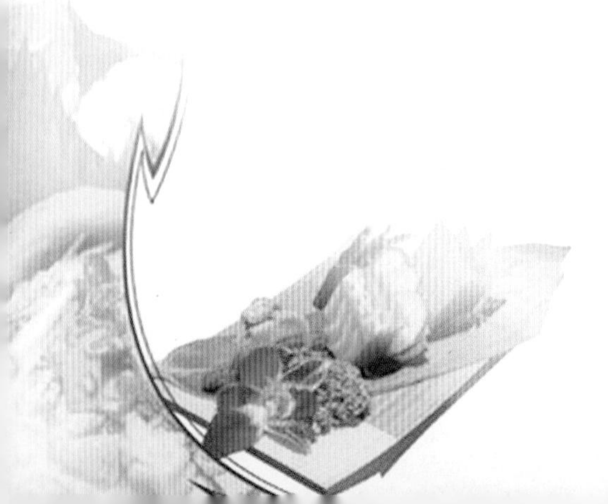

1. 五花肉切片，洋葱、辣白菜改刀。

2. 放入底油，先把五花肉炒一下，炒出油，放入洋葱、少量葱花炒香。放入辣白菜炒熟。

提示：喜欢甜辣口的可以多放些糖，喜欢酸辣口的少放些提鲜即可。

3. 加两勺辣白菜的汤汁，等全部收干汁后依口味放些盐和牛肉粉（没有的可用糖代替）。

炒饭所需食材：炒好的辣白菜五花肉、米饭、油、香葱

1. 现成的米饭用油炒散。要求颗粒分散，这样才有很棒的口感。

2. 炒好的辣白菜炒五花肉适量，与米饭同炒，淋入些辣白菜汤汁炒匀即成。装盘，撒些葱花。

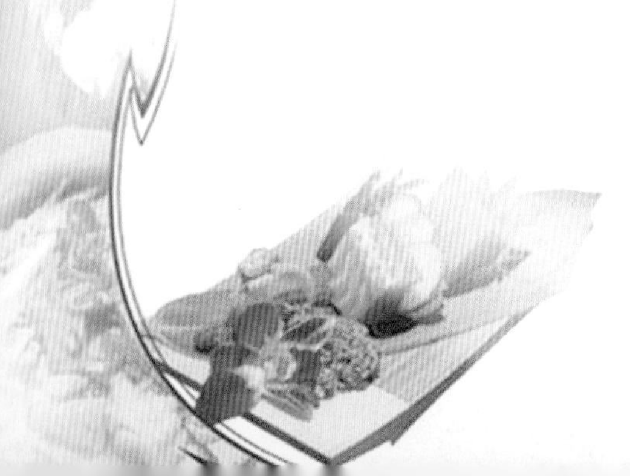

健康碎碎念

韩国泡菜是以蔬菜为主要原料，各种水果、海鲜及肉料为配料的发酵食品，含有比较丰富的营养价值。由于它的主要成分为乳酸菌，所以能够调节肠道蠕动，助消化。此外，泡菜还有预防动脉硬化、降低胆固醇、消除多余脂肪等食疗作用。

文化絮语

辣白菜是一种朝鲜族的传统发酵食品，属泡菜的一种，特点是辣、脆、酸、甜，颜色白中带红，通常与米饭一起食用。

现在，辣白菜已经成为泡菜的代名词，代表着韩国的烹调文化。韩国人制作泡菜已有3000多年的历史，然而，韩国泡菜最早却源于中国。在《诗经》里出现的“菹”字，意为酸菜，正是这种腌制的酸菜传入了韩国。

泡菜对于韩国人来讲代表着一种力量、一种文化。泡菜文化在韩国非常盛行，因此而举办的博览会、研讨会众多。

韩国泡菜被誉为“用母爱腌制出的亲情”，原因就在于它是由曾祖母传给祖母，祖母传给母亲，母亲传给儿媳，然后一辈辈往下传。在韩国一坛泡菜的原味卤汁甚至可以传承九代人。因此，韩国人称赞泡菜的味道为“母亲的味道”，从另一方面也反映出韩国人极为重视孝道。

韩式拌萝卜——韩国代表性凉拌小菜

主　料：白萝卜
辅　料：苹果、梨、黑白芝麻
调味料：香葱、姜蒜、糖、胡椒粉、辣椒面、牛肉粉

自从喜欢上韩国料理，就总想着创新，做点以前没有尝试过的菜品，一来换换口味，二来突破自我，嘿嘿。以前吃韩式泡菜都是买现成的，一直都想自己动手。巧得很，某天看电视的时候大厨介绍这道韩式拌萝卜，因为茶几底下常年放着纸笔，我就顺手记了下来。

我还记得当时看到这道菜时心花怒放的样子，其实只是一个凉菜，也不知道当时为什么那么兴奋。反正看完节目我就出发了，买菜、备料，回来之后挽起袖子就开工。

这是韩国人经常吃的凉菜，而对于我的手艺也是蛮有信心的，相信不比韩国人做得差。

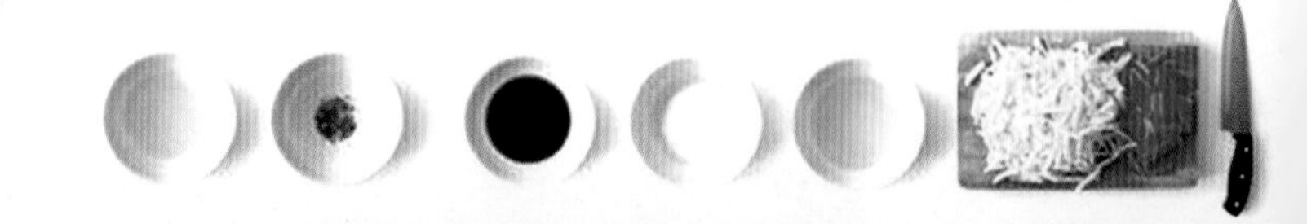

1. 白萝卜去皮切块，香葱切段。

2. 加入糖、胡椒粉、辣椒面、牛肉粉、黑白芝麻及少量凉白开水拌匀，密封冷藏半个小时。

3. 牛肉粉用热水冲开，放凉。苹果、梨去皮切块，与姜、蒜一起加凉白开打成糊。

4. 把打好的糊糊和冲好的调味水倒入萝卜中拌匀。密封冷藏 3 天即可。

健康碎碎念

萝卜的营养价值很高，常吃萝卜有助于促进消化、增强食欲、加快胃肠蠕动、止咳化痰，还有利尿的作用。当然，也有一定的防癌抗癌功效。可以说，萝卜是一道养生佳品。

值得一提的是，我们在吃萝卜时，习惯于把萝卜皮削掉，实际上萝卜中所含的钙98%都来自于萝卜皮，所以如果您是煮熟了吃，那么建议带着皮吃。

小贴士

制作这道菜所需的牛肉粉，大家可以在韩国食品专卖店找到。

文化絮语

这道拌萝卜属于韩式泡菜的一种，而韩国泡菜脱胎于中国的四川泡菜，二者有很多相似之处。从古时候起，韩国人就擅长做泡菜，《三国志》（魏志东夷传）中记载道：“高丽人擅长制作酒、酱、酱汁等发酵食品。”据《三国史记》记载，神文王在683年娶媳妇准备聘礼时，就有酱油、大酱、酱汁类等食品。不难看出，发酵食品在当时已经比较普遍。

前面提过，泡菜类早在3000多年前便以“菹”为名出现在中国。然而做得好的还是韩国人，历经各朝各代，其制作方法不断翻新衍变，怪不得如今韩国的泡菜那么好吃呢。

辣白菜炒肥牛——韩国料理主打菜

主料：辣白菜、肥牛

其他：韭菜、葱、姜、蒜、糖

辣白菜炒肉是韩国料理中不可或缺的一道主菜，今天我们用肥牛与辣白菜一起炒着吃，也算是泡菜的新吃法。初试之后的感觉就五个字：酸、辣、咸、鲜、嫩。

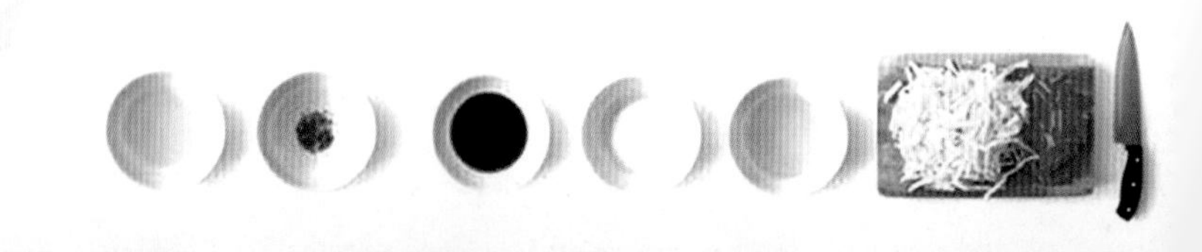

1. 辣白菜、韭菜改刀。

2. 肥牛焯水至八成熟。

3. 用底油把葱姜蒜爆香，放辣白菜炒熟。加韭菜段炒软，放入焯好的肥牛、糖，炒匀盛出即可。

健康碎碎念

前面提过了辣白菜的营养价值，这里再来说说肥牛。它是一种高密度食品，不仅味道鲜美无比，而且营养价值很高，包含了丰富的蛋白质、铁、锌、钙，以及人体每天所需的维生素 B 群等等。

多吃牛肉身体壮，对于生长发育中的孩子来说更是如此，此外还适合需要补身子的人。需要提醒一下，感染性疾病、肝病、肾病患者谨慎食用，消化不好的人同样不要贪嘴。

小贴士

如果觉得这道菜不够咸可以再加点盐，会别有一番滋味呢。当然，国人吃盐已经够多了，满足口感的同时也要为健康着想。

文化絮语

因为吃涮肉时习惯了要一盘肥牛、一盘羊肉，小时候的我竟然幼稚地将肥牛也当成了羊肉。肥牛的英文是“beef in hot pot”，直译为“放在热锅里食用的牛肉”。首先，肥牛肯定不是羊肉啦，它也不是牛的品种，更不是肥的牛，而是经过排酸处理后切成薄片在火锅内涮食的部位。我相信大家不会跟我犯同样的错误吧。

对于辣白菜，我适应它的经历还是蛮有趣的，最早是因为好奇它的味道而跑到韩国店买了一小盒回家，结果是又酸又涩的感觉，根本吃不下。因为从小妈妈做的辣白菜都是甜酸的，味觉上已经形成习惯了，最后那盒辣白菜被我们扔掉了。

几年之后，由于工作的关系接触到一些韩国人，那时我们的前台会韩语，也会做泡菜汤。一次中午做给我们吃，哇塞，味道好极了。自那之后我算才真正爱上了这东西，我做辣白菜的手艺也是从同事那里启蒙的。现在虽然我们早已不在一起工作，但我已经爱上了这种味道，时不时就会买辣白菜回来。但是相对于直接生吃，我还是更喜欢做熟之后的那种味道，更加浓稠，更有回味。所以，我经常用辣白菜炒菜做汤。

蔬菜饼——谁能想象没有蔬菜饼的韩餐

主　料：洋葱、胡萝卜、韭菜、西葫芦
辅　料：面粉、鸡蛋
调味料：鲜酱油

这是韩餐的招牌菜之一，在韩国下馆子，一顿没有蔬菜饼的餐饭是无法想象的。可见，这道主食在韩国的普及程度。在韩国下饭馆，在主食页面，基本都能找到蔬菜饼的影子，感觉就像中国的贴饼子之类，反正哪都能吃到，绝对是平民美食。在饭馆，大鱼大肉吃腻了，来一块蔬菜饼，的确有解腻的作用，当然还能管饱。

1. 洋葱、韭菜改刀，胡萝卜、西葫芦擦丝。

2. 面粉加鸡蛋搅成糊糊，把蔬菜放入面糊中拌匀。煎至两面金黄，切块装盘，蘸鲜酱油食用。

健康碎碎念

蔬菜饼的营养价值当然是那些蔬菜了，没什么好说的。吃这个蔬菜饼，可以起到解油腻的作用，丰富的膳食纤维也很健康。最重要的是，管饱哦！

小贴士

有人不喜欢蘸酱油吃，可以在拌的时候多放点盐，这样就够味了。

文化絮语

关于这道韩国蔬菜饼确实没什么好说的，很普通的一道平民美食。就是有些奇怪，为什么韩国人那么喜欢炸蔬菜？韩式炸蔬菜虽然很有名，可我就是不明白，那么新鲜的蔬菜，过一遍油营养价值丢失了很多，而且油还大，何必呢？

扯远了，来说说这道菜吧。将一大堆蔬菜放在一起，和上鸡蛋、面，炸出来的样子虽然不齐整，但是五颜六色挺好看，吃起来当然味道也很棒。其实我平时不喜欢生吃胡萝卜，主要是不喜欢那个味道，但是这么做出来感觉还是不错的，毕竟都是膳食纤维啊，可减肥、清肠、刮脂，实在是很健康的一道料理，推荐大家试试。

韩式炒茄子——清口韩国料理

主　料：茄子

调味料：酱油、糖、盐、蒜

韩国料理中少见的清淡菜之一，这是一道百搭菜品，虽然也是油炸出来的，但是成品之后看着很清爽。尤其是我自己加上去的那一抹鲜绿色，呵呵，太满意自己的创造力了！

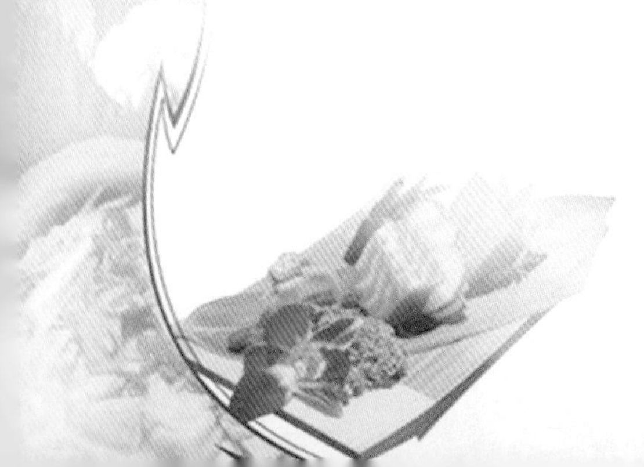

1. 茄子切条，加盐、糖拌匀，等杀出水来之后用力挤干。

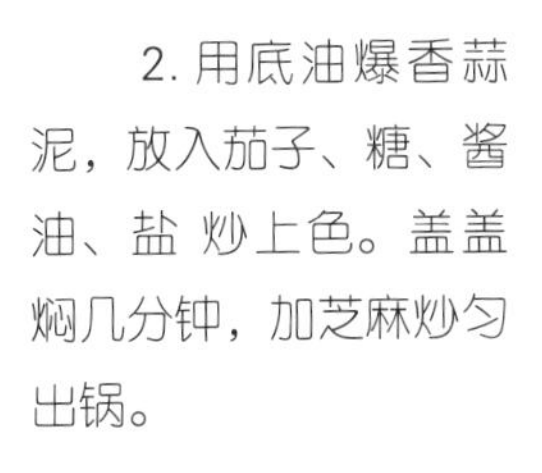

2. 用底油爆香蒜泥，放入茄子、糖、酱油、盐 炒上色。盖盖焖几分钟，加芝麻炒匀出锅。

健康碎碎念

茄子属于寒凉性质的食物，夏天吃可清热解暑，对于容易长痱子、生疮疖的人，尤为适宜。《滇南本草》中也记载道，茄子能散血、消肿、宽肠。此外，茄子还有保护心血管、防治胃癌、抗衰老等作用。需要注意的是，因为茄子属性寒凉，脾胃虚寒、便溏者及哮喘者不宜多吃。

最值得一提的是，茄子因为清洗起来比较麻烦，很多人犯懒简单冲洗后就食用。实际上，茄子因为容易受病虫害和微生物的侵袭，所以在种植过程中要经常使用农药，如果只是简单清洗，无法将农药洗净。最好的方法是用自来水不断清洗，之后在清水中泡上五分钟，避免农药残留。

文化絮语

据说这道菜在韩国可是百搭，也是韩餐中极为少见的清淡菜。我觉得偶尔换个口味在家庭生活中更为重要，谁不想体验一把新鲜呢？其实料理中就能为家庭生活创造很多情趣，关键在于发现。

茄子起源于东南亚热带地区，最早出现在古代印度，公元 4 至 5 世纪传入中国，江浙人称茄子为六蔬，广东人称为矮瓜。在汉语发音中，因为念到茄子时，人们总是露出笑脸，所以也成为拍照时的经典台词，一句茄子，大家便笑口颜开。

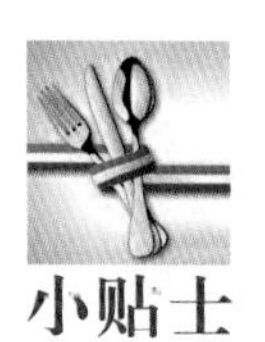

小贴士

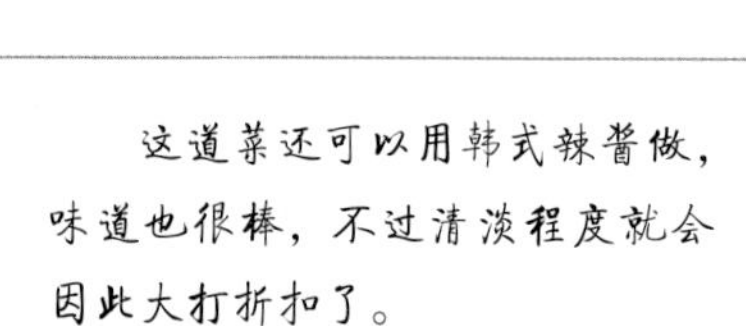

这道菜还可以用韩式辣酱做，味道也很棒，不过清淡程度就会因此大打折扣了。

泡菜汤——经典韩式风味料理

主　料：辣白菜
辅　料：豆腐
调味料：牛肉粉、糖、香葱、姜

泡菜汤也是一款家家都会做的经典韩式料理，口味独特，是人们日常生活中经常会吃的一碗靓汤。

要做泡菜汤，自然离不开辣白菜，汤的味道是否纯正就靠它了，所以挑选时马虎不得。在大超市和韩国食品店都有卖的，正宗的韩式泡菜是酸辣的而非印象中的甜辣味，这一点一定要注意。泡菜的品质是重中之重，千万不要说因为是酸辣的就往里放醋，这绝对要禁止！发酵的酸味和醋的味道不一样，加了醋会很难吃，总之，泡菜选得好一切都不成问题，等着享受就好了。

1. 辣白菜切成块，买的时候最好再跟销售人员要一点泡菜汤，多一点，反正他们留着也没用。五花肉、豆腐改刀。

2. 用底油炒香肉片，加葱姜炒香后再放入辣白菜炒香。

3. 加热水、泡菜汤、豆腐煮 10 分钟。加牛肉粉、糖调味。

健康碎碎念

韩式泡菜汤的营养价值都在于泡菜及汤里的“内容”，前面已经提过，不再多说。泡菜汤是养生佳品，尤其在冬天，喝一碗热辣辣的泡菜汤，出出汗，会很舒服。

小贴士

如果泡菜汤少觉得咸度不够，可以适当加盐，若喜欢加点青菜也可。我吃的次数多了反倒更喜欢这种纯粹的。

文化絮语

泡菜汤的起源我们无从得知，但是据推测，鲜辣美味的泡菜汤应该起源于人们学会了用辣椒腌制泡菜之后。

在历史文献中，对于汤的记录很少，这是因为无论上流社会，还是平民百姓，平时都以羹食为主。而泡菜汤流行起来，很可能是受到在外就餐文化的影响。随着社会节奏越来越快，像泡菜汤这样的汤类饮食也受到了追捧。

韩式拌墨鱼——鲜嫩逼人的韩国海鲜

主　料：墨鱼

调味料：葱姜、香葱、蒜、盐、糖、白醋、韩国辣酱、小米椒

韩国三面临海，大大小小的渔港遍布全国，所以海鲜便顺理成章地成为韩国人餐桌上的主力。这道韩式拌墨鱼就是人们常吃的家常小菜，做法简单，是很有名的一道韩式拌菜。每次看到这张图，都能勾起我的海鲜欲。

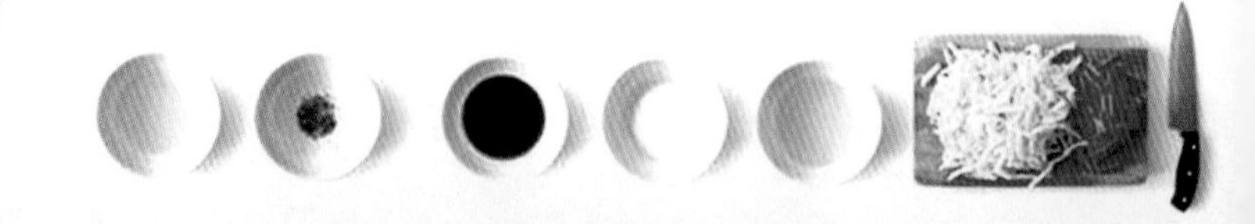

1. 墨鱼收拾好洗净加葱姜焯水。香葱切段，蒜切末，小米椒切圈。

2. 墨鱼中放入韩国辣酱、白醋、盐、糖、蒜末、香葱段、小米椒拌匀后装盘，最后撒上芝麻。

健康碎碎念

这道菜最有营养价值的当属墨鱼了，墨鱼被誉为女性的保健食品，浑身都是宝，蛋白质含量达16%-20%，而脂肪含量不到1%。对于想吃怕胖的女性来说，墨鱼可谓最佳选择。此外，墨鱼还有养血滋阴、益血补肾等诸多功效，适合产妇“坐月子”时滋补之用。

小贴士

需要注意的是，墨鱼焯水的时间别太长，断生即可，否则会变得很硬不好吃了。辣酱的多少根据自己的口味放置就行，不过我觉得韩国辣酱其实一点都不辣，所以我就放了很多，嘿嘿。

文化絮语

韩国拌菜很有名，这道菜便是其中之一。墨鱼在韩国饮食文化中有特殊的代表意义，敢生吃的人被认为是勇敢者。关于韩式拌菜没什么想说的，特别想聊聊韩餐的“三简”与“一繁”。

三简指的是：菜谱简单、结构简单、制作方式简单。先来说说菜谱，很多韩国饭馆，要么没有菜谱，都写在墙上；要么只有简单的一页纸，种类不多。韩国的节奏很快，据统计韩国人吃午餐平均只要15分钟。大家都很忙，菜谱简单一点更方便。再说结构，指的是经典的“汤+米饭+泡菜”组合。最后是简单的制作方式，韩国料理基本以煮跟腌为主，比起中国的做法可以说逊色太多了。

一繁指的是食材的准备上，以经典的大酱汤举例，熬汤很容易，但所需材料并不少，往往有七八种之多。

这就是韩式料理所谓的“三简一繁”。

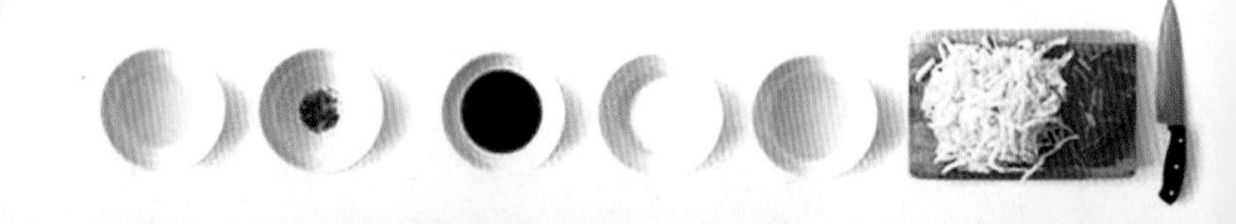

铁板甜辣鸡——人气高涨的特色料理

主　料：鸡腿、年糕

调味料：韩国甜辣酱、蜂蜜、蒜、干辣椒、辣椒面、香油、芝麻

这道菜在国内风靡有一阵子了，人气不断高涨，很受食客的欢迎与追捧。看着就很有食欲，一是铁板做出来的食物本身就很香，二是配上韩国酸辣酱，色香味俱全，绝了！

1. 干辣椒、蒜切碎，加韩国甜辣酱、蜂蜜、辣椒面调匀，入冰箱冷藏几个小时让其发酵。年糕用水泡软。

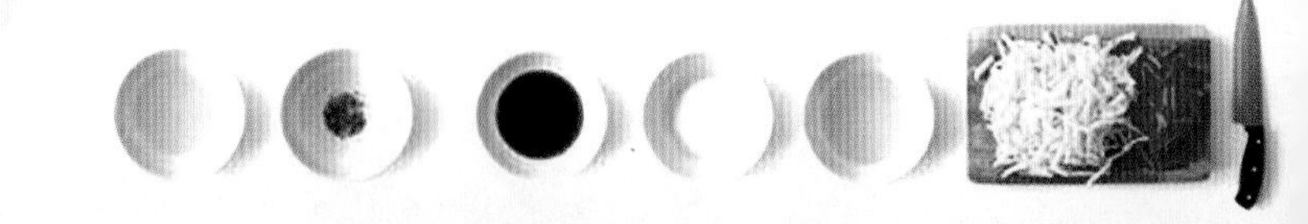

2.鸡腿块洗净，放入年糕、发酵好的调味料拌匀，腌制十几分钟。用香油把鸡肉和年糕煎熟。装盘，撒白芝麻。

健康碎碎念

不知道大家注意了没有，韩式料理有一个特点，就是油放得少。对于习惯了炒菜的中国人来说，确实有利于健康，因为平时吃油的地方确实太多了。这道菜的营养价值都在鸡肉跟年糕上，鸡肉说过了，年糕在下面一道韩式料理中将会介绍。

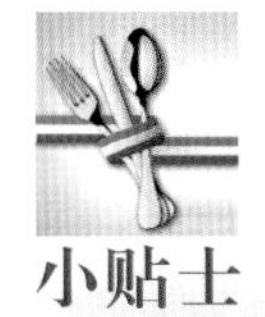

小贴士

在调辣酱的时候如果觉得太干可以加点凉白开。酱料不要调得太稀，稠一点容易挂在食材上。

文化絮语

这是近来十分流行的一道韩国特色料理，在中国已经风靡一时，人气不断高涨。某天看电视的时候，我们这儿的地方台推荐特色餐厅和特色菜，正好说到了这道菜，老公当即表示出浓厚的兴趣。看了一会儿，我发现这道菜的性价比相当低，我突然想起以前学过这道菜，就跟老公说我给他做，肯定比去那饭店强多了！

北方人很少吃年糕，几年前在商业街买过一份但感觉很难吃。这次我做的时候老公还有疑问，说年糕能好吃吗？没想到出锅之后他专挑年糕吃，哈哈。还是酱料的关系，年糕上挂了一层，它能不好吃吗？

炒年糕——韩国特色小吃

主　料：年糕

辅　料：甜不辣、洋葱、胡萝卜、白菜

调味料：香葱、韩式辣椒酱

这是一道韩国特色小吃，非常有名，而且被国人所熟知，在美食街、庙会等美食集会上，它必占有一席之地。可以说，炒年糕是地道的街头美食，尤其是很多女孩子非常爱吃这一口。看看我的手艺如何?

1. 蔬菜改刀，年糕用水泡几个小时。先用油把洋葱、胡萝卜爆香，倒入适量的水，加适量的韩式辣椒酱调开。

2. 把甜不辣、白菜一起放进锅中煮开。放入年糕，一直煮到汤汁浓稠为止，最后加上葱段翻炒均匀。

健康碎碎念

别看这款韩国小吃叫作炒年糕，但是它的制作方法很特别，就是不用油炒，而是利用水煮的方式，让年糕饱吸酱料，再搭配脆脆的青菜，口感层次很丰富。整道菜既营养，又健康。

需要注意的是，年糕虽然营养美味，但是不易消化，患消化不良，胃、肠疾病及哮喘的人不宜多吃。

小贴士

年糕在超市有卖切片的和切条的，随便哪种都行。我家这是年糕片，就拿来直接用了。有个叫甜不辣的东西，感觉跟咱们涮火锅的鱼丸什么的神似，就选它啦！如果买的不是甜辣酱就在炒的时候放点糖，口味依个人喜好来定。还是买甜辣酱最好了，用着方便。

文化絮语

年糕的吃法有很多种，炒是其中之一。韩式炒年糕，又称为辣炒年糕，自从古代传入朝鲜半岛之后，这种中国的平民饮食迅速在韩国贵族中受到热捧，据说古时候只有君王才能享用。如今，随着韩国美食在全世界范围内的知名度越来越高，炒年糕也以其高营养以及酸甜的口味深受世界各地的年轻人喜爱。

关于年糕的来历，还有一个很有意思的传说。据说，远古时期有一种叫作“年”的怪兽，长期在深山老林活动，靠捕捉其他野兽充饥。然而，每当严冬来临，大多数兽类都躲起来休眠了，而失去了食物来源的怪兽“年”只好下山，把人类当作食物充饥。

百姓饱受其苦，整日惶惶不安，直到名为“高氏族”的部落发明了一种食物为止。他们将粮食搓成长条状，估计快到怪兽下山的日子，就将这种食物切成一块块地放在门外，而人们这段日子都不再出门。怪兽下山之后找不到人吃，发现了这种长条食物，便以此充饥，吃饱后就会回到山中，从此再没有人被吃掉。

人们找到了自救的方法，开始纷纷走出家门庆祝怪兽的离开，庆幸躲过了“年”的一关。年复一年，这种躲避怪兽的方法便传了下来。因为粮食条块是高氏所制，目的是为了躲避“年”这个怪兽，从而平平安安过年，于是就把“年”与“高”联在一起，称作为年糕（谐音）了。

韩式烤带鱼——韩国人这样吃带鱼

主　料：带鱼
调味料：料酒、黑胡椒、蚝油、生抽、盐、糖、韩国甜辣酱、油

带鱼很好吃，如果总是家常那几种吃法是不是也会感到无聊，想不想创新试试？今天我就带大家换个做法，看看韩国人怎么吃带鱼。外焦里嫩，金红色的韩式烤带鱼，看着是不是很有食欲呢？

1. 将带鱼去鳍切段加料酒、黑胡椒、蚝油、生抽、盐、糖腌制半个小时。

2. 韩国甜辣酱加油和少量水调开，烤盘用锡纸包一下，放上带鱼，刷酱后烤7-8分种翻面，刷酱后再烤7-8分钟。

健康碎碎念

带鱼的营养成分包括蛋白质、维生素A、不饱和脂肪酸、磷、钙、铁、碘等，具有暖胃、养血、泽肤、补气补肾、舒筋活血、消炎化痰、清脑止泻等诸多功效。带鱼是滋补佳品，孩子多吃带鱼有助于提高智力；孕妇常吃带鱼有利于胎儿的脑组织发育；老人多吃带鱼则可以延缓大脑萎缩、预防老年痴呆；女性多吃带鱼，有助于肌肤光滑润泽。不过，由于带鱼属动风发物，所以不适合皮肤过敏的人食用。此外，癌症、红斑性狼疮、痈疖疔毒、淋巴结核、支气管哮喘等病症者也不宜食用。

文化絮语

近年韩餐在中国十分流行，大有铺天盖地之势。这道菜借鉴了韩餐的手法让普通的带鱼也能吃出异域的感觉和味道。北方人喜欢吃烧烤是出了名的，每到夏日来临，街边无数的烧烤排档就开始红火起来，虽然不利于环保，但是谁让人们爱吃这一口呢。所以，这道韩式烤带鱼，南方人不敢说，至少北方人一定会喜欢。

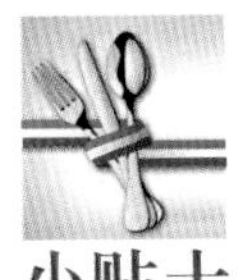

小贴士

带鱼可以在买的时候让摊主给处理好，省得回家再收拾，简单洗洗就能做了。

第六辑

日式风韵：料理之国的另类美食

提到日本，最先想到的美食当然是日本料理，国人已经非常熟悉，而且在哪里都能吃到，所以这一章我们不教大家做传统的日本料理，况且日本料理以生鲜为主，没什么可做的，我们介绍几道不一样的日式风味。

酒蒸蛤蜊——人气很高的常见料理

材料：蛤蜊、姜蒜、香葱、干辣椒、盐、黄油、清酒

在日剧《深夜食堂》中看到这道料理，突然激发了我的好奇心，于是买回材料试做。这道料理看着挺复杂，其实操作起来很容易。鲍参翅肚不一定所有人都喜欢，喜欢的也不一定经常消费得起，然而说到小海鲜，就显得很亲切，很多人都喜欢吃。小海鲜不仅味道鲜美，还不需要特别复杂的料理技巧，只需三两下就可以端上桌大快朵颐，馋了吧，上菜！

用底油炒香姜蒜、干辣椒，倒入蛤蜊，再加入清酒 3 勺、清水 4 勺，盖盖焖至蛤蜊开口后放入一小块黄油，加盐、香葱拌匀即可。

文化絮语

鲜美的蛤蜊带着浓浓的酒香，最后还有淡淡奶香的回味，在夏日的晚上来上一盘，真是一种享受。这道菜属于日餐的一种，最好用清酒，没有也可用一般的白酒代替。不过如果平时不能喝酒的建议选择低度白酒，否则会上头哦。

日本的饮食文化讲究的就是一个“鲜”字，所以日本人喜欢生食，家庭主妇会频繁出入超市，购买新鲜的蔬菜、水果、海鲜等，而对于加工好的食物买的较少。这一点欧美一些国家截然不同，以美国人为例，他们习惯在周末开车到超市采购，一口气买出一周或一个月的食物储存在冰箱里。

日本是一个四面临海的岛国，被誉为世界水产王国，国民也被誉为“鱼食民族”。加上日本是一个佛教国家，佛教传入日本已经有1400多年的历史。据说在明治维新之前日本人都不怎么吃牛羊肉，后来明治天皇为了脱亚入欧，才开始带头吃肉制品，不过日本人以海鲜素食为主的传统还是被保留了下来。

健康碎碎念

蛤蜊肉质鲜美，营养价值高，素有“天下第一鲜”之美誉，民间还有“吃了蛤蜊肉，百味都失灵”之说。蛤蜊具有降低血清和胆固醇的作用，吃完蛤蜊，会给人一种神清气爽的感觉。

贝类是发物，有这方面顾虑的人要谨慎食用。贝类属寒，脾胃虚寒者尝尝鲜就行了。妇女在经期以及产后也不能吃。另外，海鲜不能跟啤酒一起食用，很容易痛风。不要因一时嘴馋，让身体饱受折磨。

小贴士

如果家里没清酒用白酒也行，但量一定要少，不然就吃不到蛤蜊的鲜美了。另外，蛤蜊一定要洗干净，要不吃到满口沙子就会破坏了口感。

奶油炖菜——不能“以貌取人”的日式西餐

主　料：鸡腿
辅　料：胡萝卜、香菇、土豆、洋葱
调味料：黄油、小麦粉、牛奶、料酒、黑胡椒粉、鸡肉味浓汤宝

这道菜看上去确实不咋地，让人有些提不起食欲，但如果因此你就不试试了，那一定会后悔。我喜欢吃西餐，可以说是非常喜欢，所以平时亲手操练过的西式菜品不在少数。我还喜欢一切与美食相关的节目，前不久很火爆的日剧《深夜食堂》，每一集都会在结尾介绍一道料理的做法，而这道菜就是从那里学来的。

这道料理说来蛮奇怪，看做法应该算作西餐，但是百度分类里面却把它归到了日本料理。我不知道欧美有没有这道菜，所以不便多说，可能是日本的饮食深受国外影响的关系，说不定是人家日本人自创的吧。

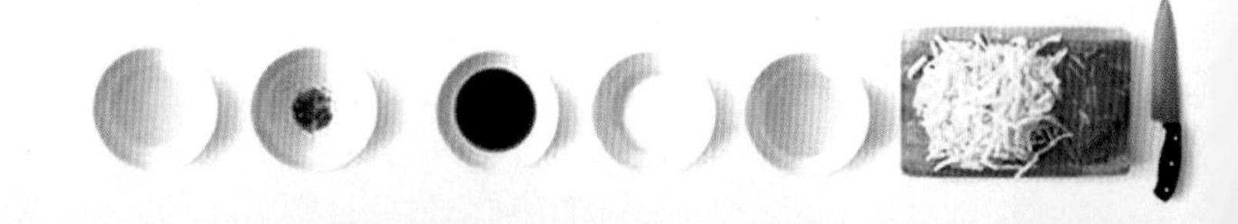

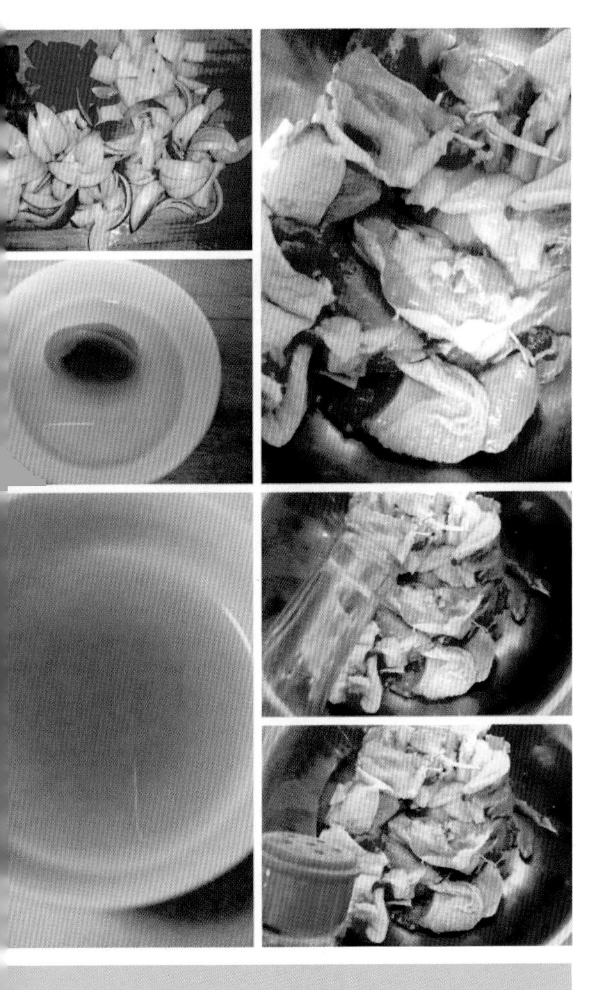

1. 蔬菜改刀，浓汤宝用热水化开。鸡腿剔骨切块，用料酒、盐和黑胡椒碎腌制 10 分钟。

2. 用橄榄油把鸡腿肉煎熟，放入炖锅内。再用橄榄油把洋葱炒香，然后将其他食材放入，炒至洋葱半透明后也倒入炖锅内。

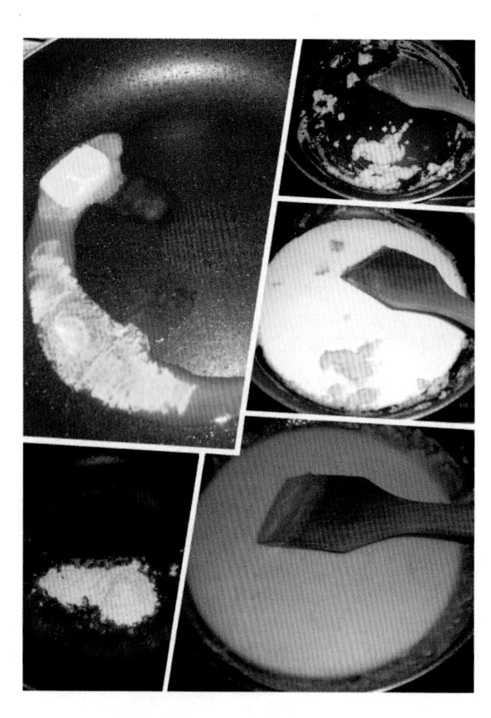

3. 奶油汁：黄油化开后放入面粉炒成面团，倒入一包牛奶，炒成牛奶糊。

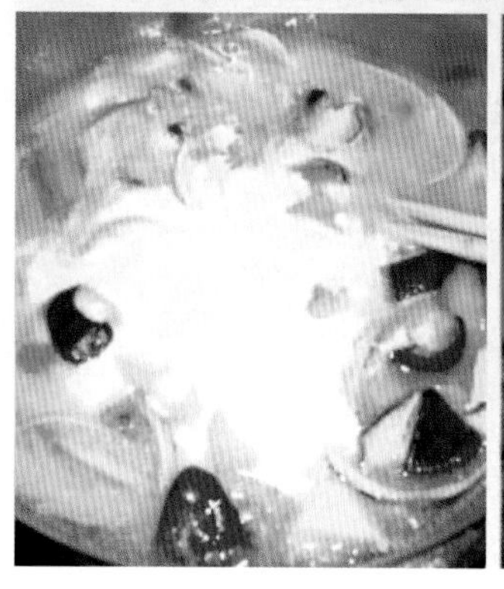

4. 炖锅内倒入鸡汤，加热水没过食材即可。将炒好的牛奶糊倒入汤锅中搅匀，煮至土豆软烂，加黑胡椒粉和盐调味。

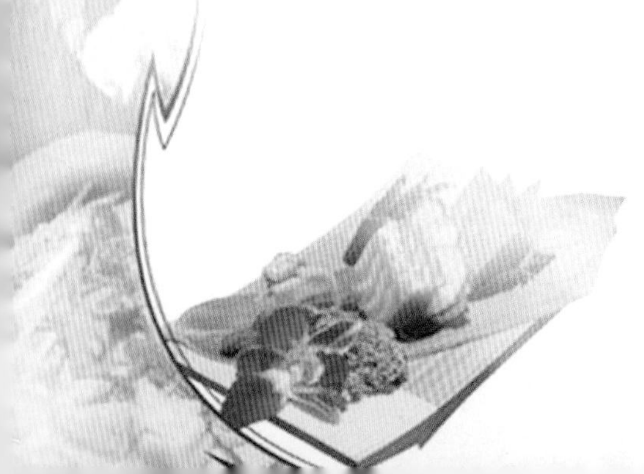

健康碎碎念

奶油炖菜的营养成分主要取决于它的原料，奶油、鸡肉、土豆、洋葱等各种蔬菜，所包含的营养元素前面都或多或少提过，主要食疗功效也差不多，就不再多说了。

小贴士

“以貌取菜”是愚蠢的！绝不能因为这道菜的品相就妄下断言，认为它不好吃，如果不亲自尝尝，我保证你会后悔。

文化絮语

这道菜是日本式西餐的一种，有可能是因为日本饮食深受西方影响而自创的一道料理。不管是家庭制作还是餐馆里面都能发现它的身影，可以说在日本也算是很有群众基础的一道菜。

在日本电视剧中这道菜出现的几率算是蛮高的，当时的感觉就是看上去白白的，感觉应该很寡淡，却不明白为什么吃的人一个个的表情是那样的满足。直到我亲自动手、亲口尝过，才知道这看上去没什么食欲的料理中竟然蕴含着如此鲜美的味道，难怪！菜不可貌相！我说什么都感觉苍白无力，只有您亲身试过才能领会。用一句话形容：鲜的舌头都快掉下来了！不是一般的好吃，此菜必须保留。

萨拉米鸡蛋卷——当西班牙香肠与日式蛋卷热情相拥

材料：萨拉米、鸡蛋

这是我自创的一款小食，借鉴了日式蛋卷的手法，可以说是日式蛋卷的另一种变形，所以就把它归到日式料理里来讲了。

萨拉米，译为风干肉肠，是欧洲尤其是南欧人最喜欢的一种腌制肉肠。前几天在超市买了份西班牙式萨拉米回来吃，真空包装的东西味道真的比新鲜的差很多啊！一股子塑胶的感觉，吃了两口就吃不动了。但要说就这么扔了实在是浪费钱，但是吃又吃不下，怎么办？

都说鸡蛋是百搭食材，任何东西放到鸡蛋里都会变得很好吃，于是乎，我打算用这萨拉米做成鸡蛋卷……

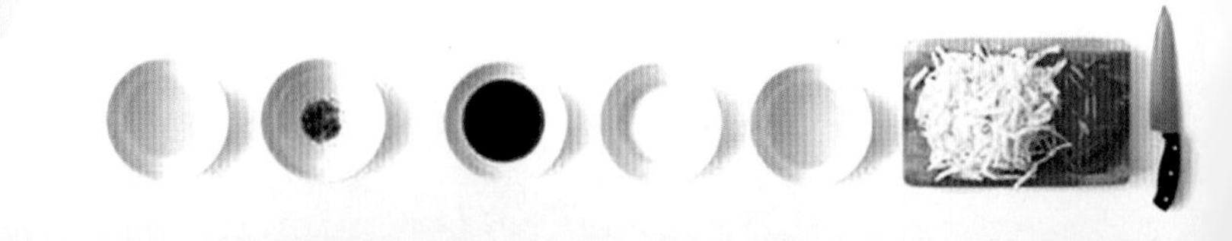

1. 萨拉米切碎，鸡蛋打散，蛋液加萨拉米搅匀。

2. 取适量倒入煎锅，煎变色时卷起来。切段、装盘。

小贴士

因为萨拉米是有底味的，所以没有加任何调味料。煎出来的蛋卷松软鲜香、入口软嫩。虽然没加盐，但咸淡刚好，若是加了盐估计一定咽不下去了。鸡蛋不愧是百搭的呀！萨拉米经这样一加工反倒变得可口无比了，而鸡蛋也因萨拉米的加入瞬间华丽转身。佐餐下酒也好，空口吃也好，搭配便当也好，有何不可？

文化絮语

日式蛋卷是日本的一道风味小吃，最早以为它是甜的，实则不然，不仅是咸口，而且还是煎的。

再来说说萨拉米，一种欧洲人常吃的风干肉肠，经过发酵和风干两道程序而来。以前没有冰箱，欧洲人特别是农民喜欢用这种方法保存肉类，以便长期食用。

欧洲很多国家的人都喜欢吃这种肉肠，但似乎意大利人尤其钟爱，萨拉米在意大利语里就是指盐腌制的肉。

萨拉米的制作时间一般需要九个月，而甜一些的萨拉米只需要半年时间就够了。在西餐中，萨拉米是介于汤和主菜之间的开胃菜品，切成片，配上面包吃。

蔬菜大阪烧——日式披萨饼

主　料：紫甘蓝、圆白菜、胡萝卜、洋葱、大葱
辅　料：面粉、鸡蛋
调味料：盐、沙拉酱、好味烧酱汁、胡椒粉

发源于西班牙的铁板烧在日本被改良，因地域不同衍生出众多流派，此为大阪特色，称为大阪烧，是一种日式蔬菜煎饼，为日本关西特色，平民美食，也代表了日本的面食文化。由于长相酷似披萨，也被称为“日本式披萨饼”。相较于其他日本料理，这款食物的价格比较便宜，所以又称为“一钱洋食”。

如果你不爱吃蔬菜，那么这道蔬菜大阪烧算是帮大忙了，里面浓缩了各种蔬菜，而且味道绝对好。

1. 将所选蔬菜洗净后切丝。一小碗面粉加多半碗水，和成面糊。打一个鸡蛋，蛋液里 加盐和胡椒，倒入面糊，继续搅拌。将全部菜丝倒入面糊，搅拌，直到全部蔬菜都粘满面糊。

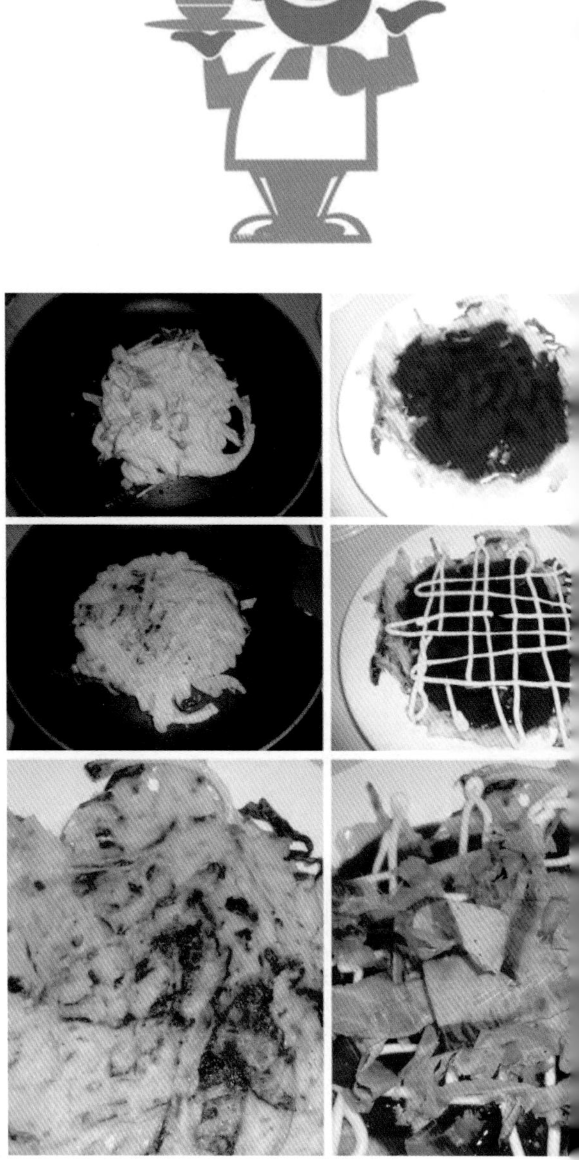

2. 先在平底锅锅底刷一层薄油，放入手指厚度的蔬菜糊，中火煎至两面金黄。 盛盘，浇上酱汁，加上沙拉酱，点缀木鱼花。

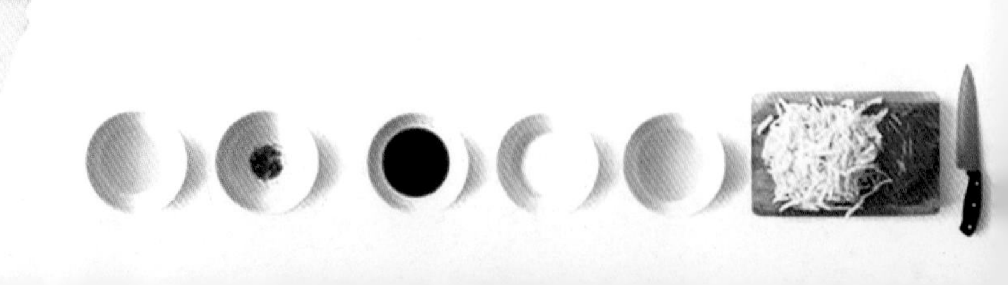

小贴士

木鱼花可放可不放，我是比较喜欢就放了一些。调面糊的时候最好稠一些。酱汁什么的在大点的超市都有卖，很容易买到。

文化絮语

铁板烧是十五六世纪时西班牙人发明的。当时西班牙航运发达，忙着征服世界，而船员整日漂泊在海上，生活单调，于是就发明了这种烹调方法，后来又传到了墨西哥及美国加州等地。直到20世纪初，一位日裔美国人将此技术引入了日本，后经改良成为今日名噪一时的日式铁板烧。

在日本，铁板烧属于日本料理中最高级别的就餐形式，吃得起铁板烧的人那是有一定实力的。中国虽然很多人都吃过，但价钱也不算便宜。

而这道蔬菜大阪烧，正是当地的特色。据说关西市民曾选出最能代表大阪风味的食品，大阪烧名列第二。它的另外一个名字“一钱洋食”，是20世纪初，日本经济不景气的时候，因为便宜而得名。

蛋包饭——黄金圣衣下的诱惑

主　料：隔夜的米饭

辅　料：鸡蛋、豌豆、胡萝卜、黑橄榄、火腿肠、鸡蛋

调味料：香葱、盐、番茄沙司 / 辣椒酱

蛋包饭是日本传统美食，很普通，也很受人们喜爱 。它由金黄色的蛋皮包裹炒饭而成，突然想到日本很有名的漫画《圣斗士星矢》，所以起了这样一个副标题。

做这道主食的时候，先将鸡蛋煎成金黄色的蛋皮，再放上炒饭，配上各种酱料，齐活。不仅是日本，在韩国，甚至是台湾地区，蛋包饭都是一道非常受欢迎的料理。

其实蛋皮里面用的炒饭本来就没有固定做法，按照个人喜好做就可以了，用什么食材、用多少也都随意。做成什么味道的更加是随意了，有人喜欢番茄沙司调味，好像大多数都是这样的。其实我觉得浇点辣椒酱也不坏，那就来一点，反正好吃就行。

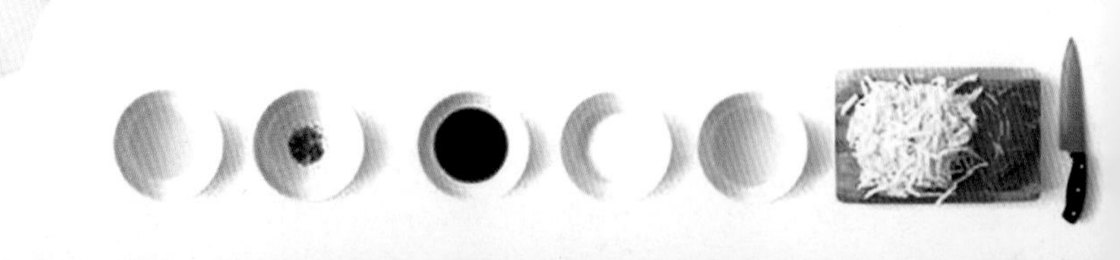

1. 豌豆剥好煮熟，辅料改刀切碎。

2. 底油炒香胡萝卜、香葱、火腿肠，放入米饭炒散。倒入豌豆和黑橄榄，加盐炒匀。

3. 鸡蛋打散摊成蛋皮，放入炒好的米饭，对折装盘淋上番茄沙司或辣椒酱即可。

小贴士

用隔夜的米饭是因为含水量少，更容易炒制。黑橄榄是调色调味用的，可以不放。

文化絮语

蛋包饭，是日本原创料理，就连这个词都是日本人独创的，它是日本西餐的典型代表作品。这道菜的起源可能要追溯到明治·大正时代，那时的厨师对于和米饭搭配的西洋料理进行了研究与改进，发明了炸肉饼、咖喱饭、鸡肉炒饭等日式西餐，蛋包饭便是其中之一。

我们介绍的是蛋包饭的常用作法，还有一种作法也很有名，它是因为电影《蒲公英》而出名的。在炒饭上放一个松软的蛋包，然后将其划开，让半熟的蛋包将炒饭盖住。

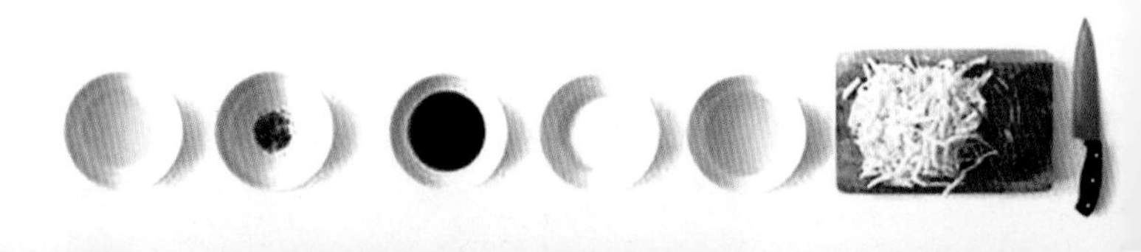

虾仁芝士焗乌冬 —— 日式乌冬面与西方芝士的纠缠

主　料：乌冬面
辅　料：虾仁、口蘑、洋葱、面粉
调味料：黄油、植物油、盐、黑胡椒粉、牛奶、奶酪丛

这道料理是从电视上看来的，觉得很新颖，属于西式和日式的结合了，不过用的还是西餐的做法，只不过把主料换成了日式乌冬面而不是意大利面。有的人觉得意面很硬不是很喜欢，乌冬就比较软，相信能适合更多人的口味。

这是东西方美食的创新性结合，我们一起来尝尝鲜吧！

1. 虾仁开背去沙线，口蘑、洋葱改刀，乌冬面煮软。黄油化开加面粉炒成团，倒入牛奶炒成奶糊。

2. 用黄油、植物油炒香洋葱，放入虾仁、口蘑炒熟。加入盐、黑胡椒粉、奶糊、乌冬面拌匀。装盘，铺上奶酪碎，烤箱烤至表面微焦。

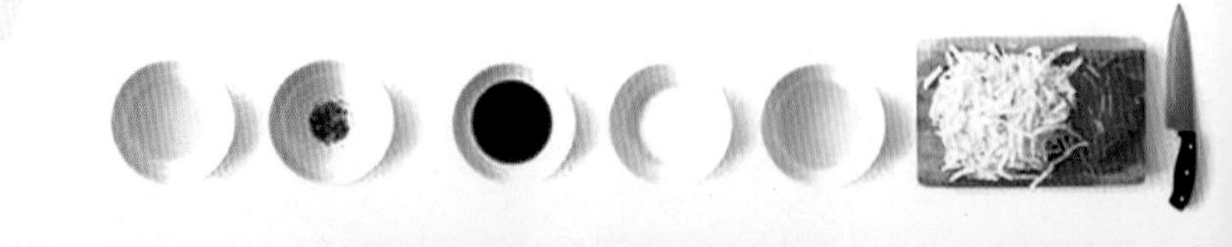

健康碎碎念

乌冬面以小麦为原料，属于粗粮，多吃有益身体健康。此外它的反式脂肪酸为零，并且含有很多高质量的碳水化合物。乌冬面还有嫩肤、除皱、淡斑的功效，也是女性朋友们比较喜欢的食物。还有研究表明，常吃乌冬面有助于治疗脱发。

文化絮语

乌冬面是最具日本特色的面条之一，与日本的荞麦面、绿茶面并称日本三大面条，是日本餐馆当仁不让的主角。

追溯乌冬面的起源，还要追溯到西元774～835年，弘法大师从中国带回了乌冬的制作方法。在赞岐当地，因为雨水稀少，很难种米，乌冬面的发明可谓是解了燃眉之急。当然，这种说法只是香川县人们的口头传说，未经考证。

小贴士

这道菜奶香浓郁、鲜美可口。味道上跟奶油炖菜差不多，或许这种奶汁的料理味道上都差不多吧。真的很好吃，相信不管是大人还是孩子都会喜欢的。

第七辑

世界风光：领略世间美食

全世界的爱，都在味蕾上绽放。这是一个美好而开放的世界，人生又过于短暂而匆忙，在有限的时间里，如果尝尽世间美食，那一生也就再无遗憾。带您领略全世界最知名的美食，不用出国，也能让味蕾在舌尖上绽放。

墨西哥鸡肉卷——最具代表性的墨西哥美食

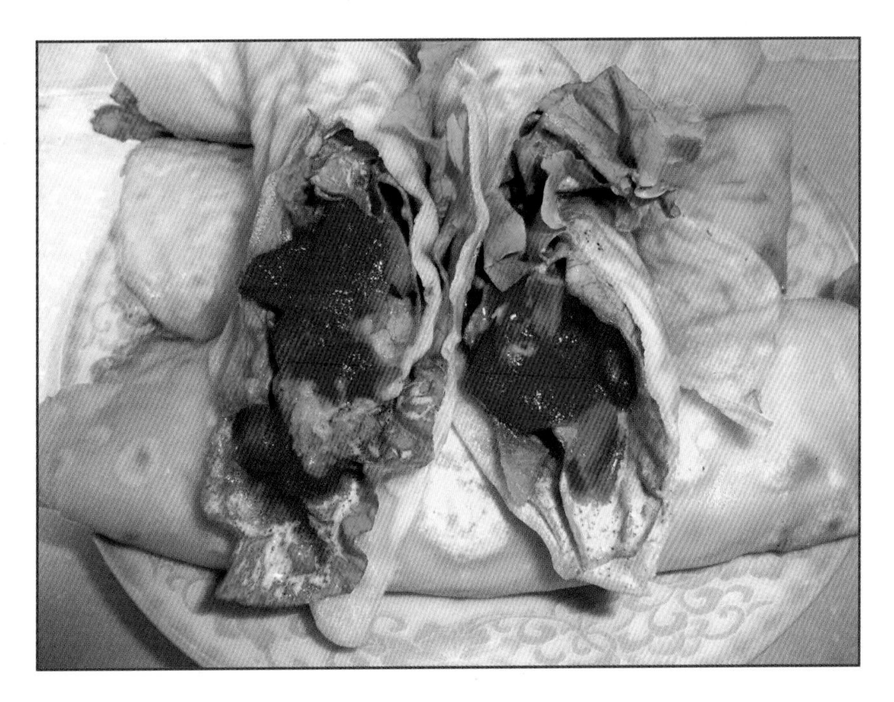

主料：炸鸡柳

配料：西红柿、洋葱、少许野山椒、黑胡椒粉、原味沙拉酱、盐、番茄沙司、面粉、生菜

提到墨西哥，吃货们一定会最先想到墨西哥鸡肉卷。的确，这是墨西哥最出名的美食，也是被全世界人们所熟悉的墨西哥美食。不吃鸡肉卷，等于没有来过墨西哥。一个鸡肉卷就是一顿完美的午餐，也是开启墨西哥之旅的序章。

薄薄的面皮包裹金黄的炸鸡肉与青绿色的生菜，上面抹上红色的酱汁，这颜色简直绝了。因为口味要尽可能贴近墨西哥风味，所以辣椒是必不可少的，当然需要根据个人能吃辣的程度而定。

在墨西哥，这种鸡肉卷绝对是大众美食，折合人民币 5 元左右，因此非常受欢迎！而我做的这款墨西哥鸡肉卷，因为没有墨西哥原产辣椒，但是味道也不差，而且我觉得吃起来跟山姆大叔店里的味道一模一样。如果你爱吃这一口，一定要跟我好好学学。

1. 西红柿用热水烫过去皮切丁、洋葱切丁。西红柿丁、洋葱丁用油炒软，加入番茄沙司炒匀盛出，加野山椒末和适量的野山椒水拌匀。

2. 原味沙拉酱加适量水、盐、黑胡椒粉调匀。

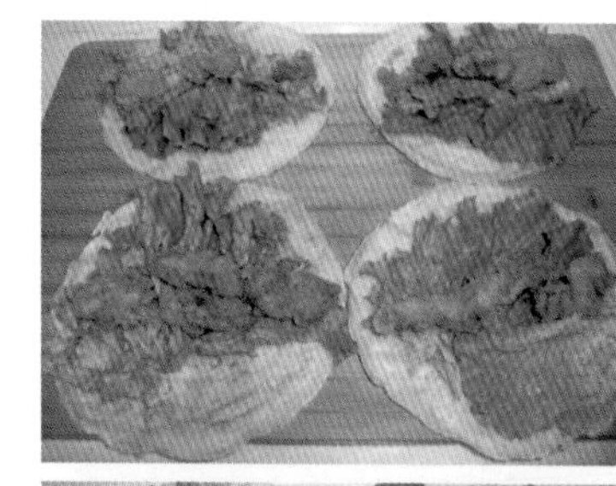

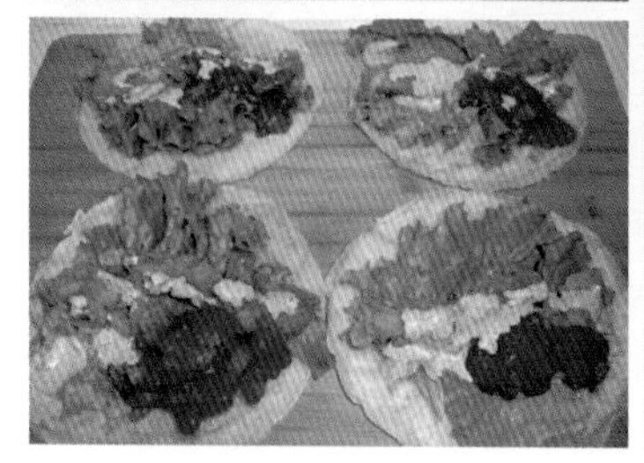

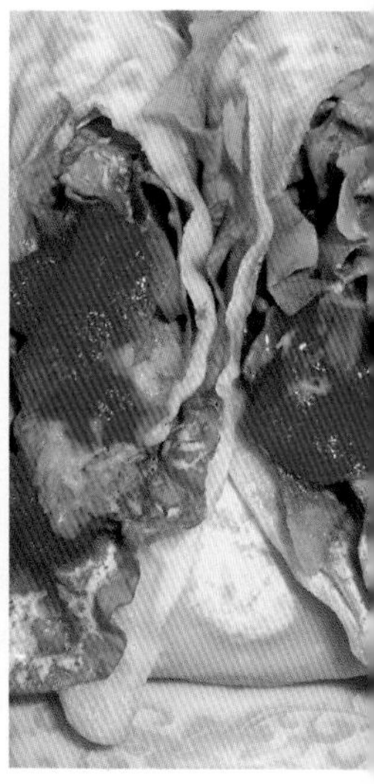

3. 面粉加水调成稀糊，摊成薄饼。放上生菜叶，码上鸡柳，在两端分别放上调好的番茄酱和沙拉酱，卷起来。

正宗墨西哥鸡肉卷是玉米面的，对于健康很看重的食客可以自己弄。玉米是粗粮中的保健佳品，富含丰富的营养成分，经常食用玉米还可以起到促进肠胃蠕动、减肥、防癌抗癌、降血压降血脂的作用。另外，玉米对于增加记忆力、抗衰老、明目都有不错的作用。

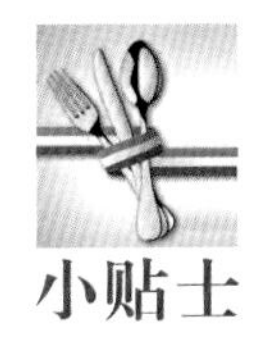

小贴士

炸鸡柳可以选购现成的，反正这东西卖的地方也多，很容易买到。为了更接近墨西哥鸡肉卷的辣感，野山椒可根据个人口味增减。

文化絮语

墨西哥盛产玉米，因此玉米成为墨西哥人的主食，人们习惯将玉米磨粉代替面粉来使用。因此，正宗的墨西哥鸡肉卷是玉米面做的，因此它的营养更丰富全面。

可以说，墨西哥鸡肉卷能够被全世界所熟知，这也离不开肯德基的推广。至少在中国，很多人是通过肯德基才认识的它。我教大家做的这款鸡肉卷，口味就很接近肯德基，不信可以试试看哦。

如果我告诉您全美股价最高的餐馆是一家名叫“Chipotle”的墨西哥鸡肉卷店，你会信吗？这是一家墨西哥人开的卷饼店，不卖咖啡和甜品，菜单简单到只有四种选择。而这家店自从2006年在纽约证券交易所上市后，股价已经飙升到670多美元一股，稳居全美股市前十。

震惊了吧，知道纯正的墨西哥鸡肉卷的影响力有多大了？

墨西哥鸡肉春卷 ——墨西哥人吃的春卷

主　料：鸡胸肉、墨西哥薄饼皮

辅　料：洋葱、火腿、面粉、牛奶

调味料：黄油、橄榄油、盐、孜然、番茄酱、白醋、蒜、辣椒粉、芝士粉、马苏里拉奶酪

这道菜跟上一道看似很像，但味道还是有很大不同的。上次做墨西哥鸡肉卷，我用面糊自己烙的薄面皮。这次在超市看到了这种专用的薄饼皮，二话不说拿了一袋，准备回家做墨西哥鸡肉春卷。

1. 鸡胸煮熟撕成丝，洋葱、火腿、蒜切碎。

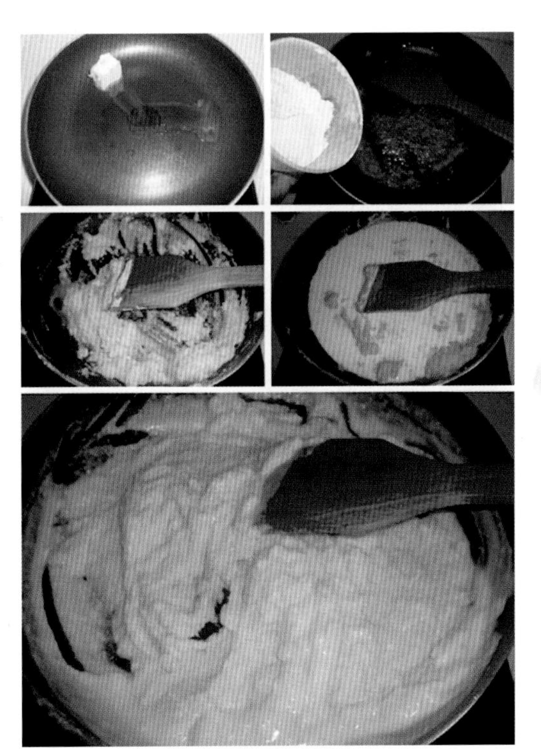

2. 白酱：黄油化开加面粉炒成团，倒入牛奶炒成面糊，加盐调味。

3. 橄榄油炒香洋葱碎，加孜然、番茄酱炒香。加盐、白醋、少量水、火腿碎、蒜末炒香，放入鸡丝，加少量辣椒粉炒匀。

4. 把炒好的酱料卷入墨西哥薄饼中，装盘浇上白酱，撒马苏、芝士粉，微波炉高火打化，撒上辣椒粉。

健康碎碎念

有些人当它是天使，有些人当它是恶魔。前者认为它太好吃了，后者认为它太辣了。辣椒的果实因果皮含有辣椒素而有辣味，具有增进食欲的作用。辣椒原产墨西哥，明朝末年传入中国。

辣椒具有药用价值与食用价值，在食疗方面，每百克辣椒维生素C含量高达198毫克，居蔬菜之首位。维生素B、胡萝卜素以及钙、铁等矿物质含量亦较丰富。辣椒能促进胃蠕动及唾液分泌，起到温胃驱寒、增强食欲、促进消化的作用，所以说，每天吃点辣椒，对身体还是很有好处的。然而，辣椒也是一种刺激性很强的食物，并不适合所有人食用。

文化絮语

中国人立春吃春卷，里面卷的是各种荤素炒菜，非常好吃。墨西哥也有类似的食物，只不过里面卷的跟咱们大相径庭。墨西哥盛产辣椒，所以他们吃什么都加辣椒，连吃冰激凌的时候都放，所以那边的食物吃起来总有一种火辣辣的感觉。

不知什么原因，个人钟情于墨西哥文化，所以对于墨西哥美食也比较关注，尤其是它的鸡肉卷，所以才会特意介绍了两款鸡肉卷的做法。在我看来墨西哥人热烈、奔放、神秘，出产的辣椒和玉米、土豆现在已经普及到世界各地，大大改善了人们的生活。在此，做一道墨西哥料理，特意表达我对这个国家的喜爱。

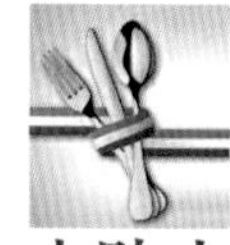

小贴士

西餐中用到的辣椒粉并不很辣，是红甜椒粉，在卖西餐调料的地方可以买到。

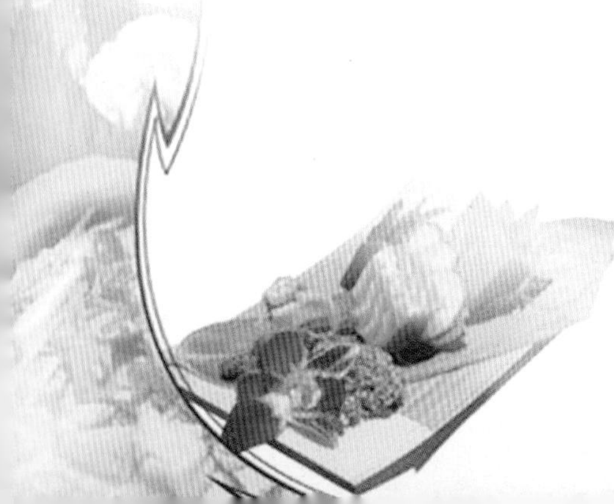

火腿培根热狗——美国人的代表性简餐

材料：法棍面包、培根、火腿肠、沙拉酱、辣酱

老妈买了一袋法棍面包回来，我本人对这类干巴巴的东西向来没有热情，但是既然买回来了总不能任其变质吧。看看那形状，很适合做热狗啊。于是，我打算利用这袋法棍面包就着家里现有的材料做成热狗来吃。一来解决了单调的口感，二来也不用花很长时间烹调，现在这个生活节奏那自然是越省事越好了。

其实热狗挺好的，简单快捷美味，要不美国人都爱吃它呢！

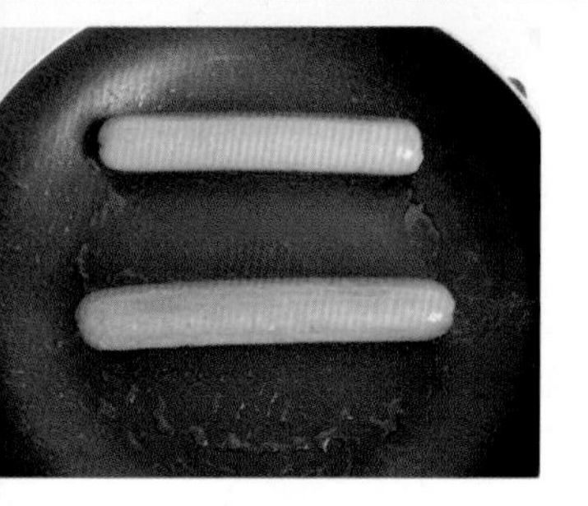

1. 用橄榄油少量把培根煎熟，再把火腿肠煎一下。

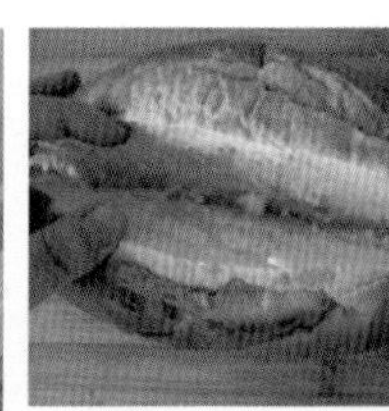

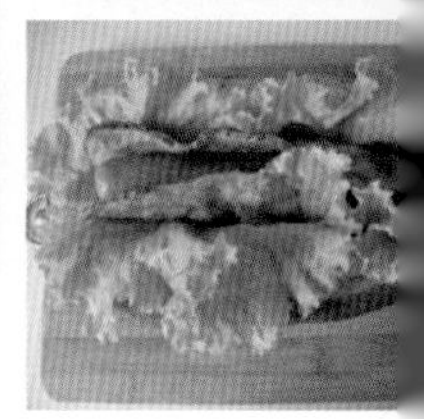

2. 生菜洗净、面包切开。把生菜、培根、火腿肠塞到面包里挤上沙拉酱和辣酱即可。

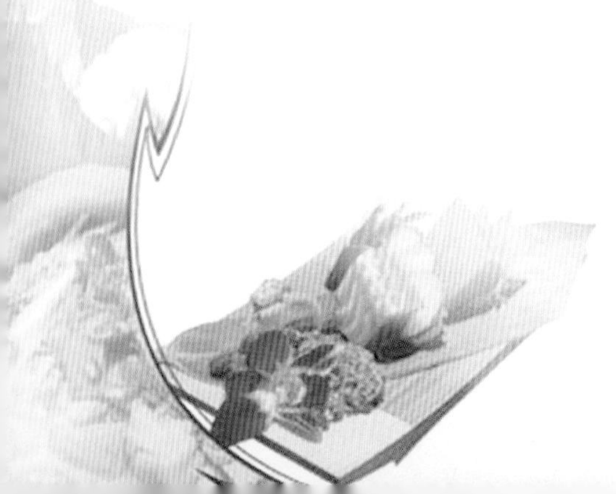

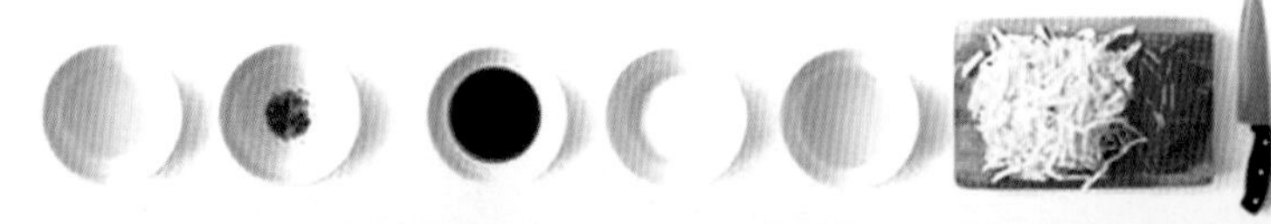

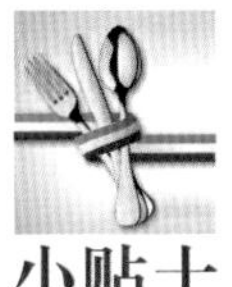

小贴士

这个热狗是我利用现有食材做成的。在酱料方面可以根据个人喜好变化，你喜欢什么往上挤什么就行。有人喜欢黄芥末，那你就放，没有统一的标准，完全按照你的喜好来。那你说你不爱吃肉，也可以换成蔬菜或海鲜，反正标准只有一条，你喜欢什么你就放什么。

文化絮语

热狗（hot dog）是火腿肠的一种吃法，美国人民都喜欢吃它。在美国，热狗在哪里都能买到。据说，美国一年可以吃掉100多亿条热狗。那么，热狗为什么那么受欢迎呢？其实，就是因为简单方便，还便宜，当然也不难吃。

美国是快餐文化的发源地，因此汉堡包、热狗都是他们的主要食物。一个热狗，一瓶可乐，这就是一顿午饭，省钱省时。

“hot dog”一词的由来也很有意思，源于一张漫画上的讹写。1906年时，人们给长条香肠起了很多名字，其中有一个叫“德希臣狗香肠”，因为德希臣这种狗长体短腿，与香肠的形状颇为相似。

哈里·史蒂文斯是一个卖点心的，他得到注册经营权，把他制作的德希臣狗香肠面包推销到纽约的棒球赛场，风靡一时。一次，漫画家塔德·多尔根在纽约巨人队的主场“波洛”运动场看球，正好看到这种食品，于是突发灵感，即兴画了一幅漫画。回到办公室，多尔根突然忘了“德希臣”这个词怎么拼写，就写个“狗”字代替，结果漫画中小贩的喊声就被写成了“快来买热狗”。

没想到，多尔根的这次讹写很受欢迎，相比于德希臣狗香肠或是其他名字，人们显然更喜欢叫它热狗，所以“hot dog”一词就这样流传至今。

鸡蛋三明治——源于英国小镇的传说

材料：鸡蛋、切片面包、沙拉酱、黑胡椒粉

三明治是西方国家最常吃的食物，任何一种面包或面卷，任何一种便于食用的食品，都可制成三明治。这款鸡蛋三明治是西方很多家庭的必备早餐之一，非常普遍。吃腻了中式早餐的您，不妨也换换口味。

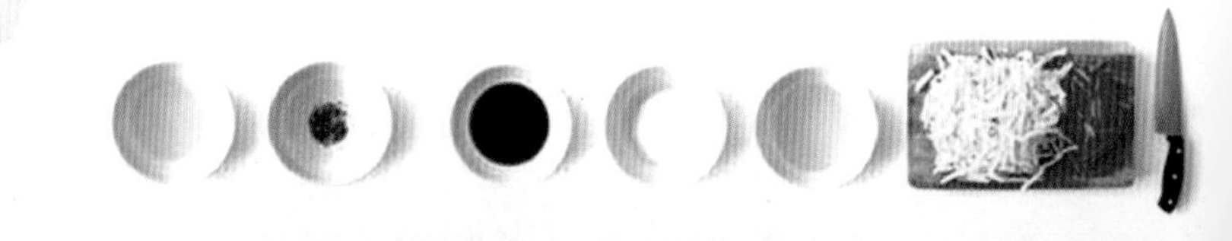

1. 鸡蛋煮熟，剥壳切碎。西生菜切丝。

2. 加入沙拉酱、黑胡椒粉拌匀。抹在面包上，切掉边缘后再对角切开即可。

健康碎碎念

三明治属于快餐，热量很高，具备一定的营养价值，但不适合多吃，尤其是想要减肥的人。如果爱吃这一口，可以选用全麦面包，这样会更健康。

小贴士

做三明治的时候一定要多加蔬菜，让营养更均衡一些。

文化絮语

三明治，也有人叫三文治，都是通过英文单词“sandwich”音译而来的。与汉堡、热狗一样，都属于快餐食品。

关于三明治的来历，还有一个很有意思的故事。“Sandwich”原本是英国东南部的一个小镇，镇上有一位三明治勋爵名叫“John Montagu”，这家伙嗜赌如命，一步都离不开赌桌。为了伺候主人，他的下人想到用面包夹着蔬菜、鸡蛋和腊肠等，这样方便主人边玩牌边吃饭。没想到Montagu见到后大喜，并随口就把它称作“sandwich”，以后只要饿了就大喊：“拿‘sandwich’来！”其他赌徒也争相仿效，“sandwich”就这样传遍英伦三岛，并传到了欧洲大陆，后来又传到了美国，最后在全世界流行开来。

这是一种很有趣的说法，然而三明治勋爵的传记作家N.A.M.罗杰则认为，三明治勋爵对于工作更富于热情，所以相信三明治是在书桌上发明的，而不是在赌桌上。

时蔬培根焗饭 —— 葡萄牙人气美食

主　料：隔夜的米饭
辅　料：口蘑、干葱、胡萝卜、培根
调味料：盐、胡椒粉、马苏里拉奶酪

这是西餐常见的做法，作为焗饭的鼻祖葡萄牙的风情美食，不尝一尝怎么能行呢？说起焗饭的传入，葡萄牙人功不可没，所以几乎在澳门的葡式茶餐厅都能吃到。

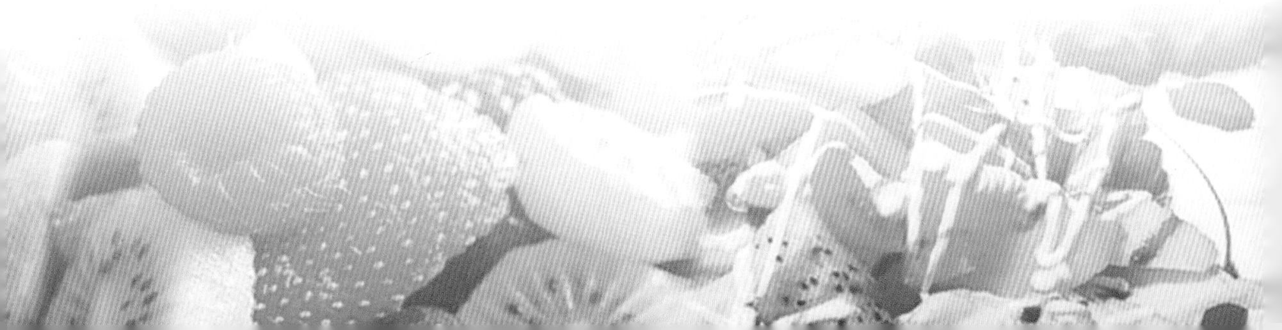

1. 蔬菜、培根改刀切小粒，米饭打散。

2. 底油炒香蔬菜，放培根炒熟。加米饭、盐、胡椒粉炒匀后装入焗碗中，撒上马苏，微波炉高火打一分钟。

健康碎碎念

焗饭能够更好地保留菜品的原汁原味，营养元素自然被更好地保留下来。芝士，也就是奶酪，虽然热量较高，但是由于这道菜国人不常吃，所以也没什么可担心的。

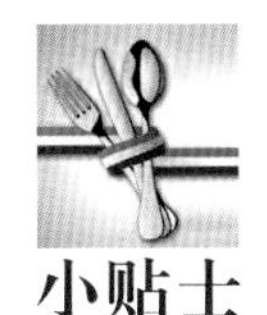

小贴士

还是那句话，芝士虽好，可不要贪多哦！

文化絮语

据说焗饭最早源自于葡萄牙，但无从考证，反正葡式茶餐厅随处可见这样的做法。焗饭是指经过特殊的焗炉烤制而成的米饭，饭里有菜。焗饭的方法能够更好地保留食物的原汁原味，营养价值也更高。焗饭是一种西餐技艺，年轻人更喜欢，与披萨、意面并列为西餐三大经典系列。

中国人的饮食习惯一时间还适应不了焗饭，这次权当尝尝鲜吧。

咖喱土豆炖秋葵——印度风味料理

主　料：秋葵、土豆
辅　料：青红辣椒
调味料：咖喱粉、椰汁、盐、味精

买了秋葵还没决定做法，后来想想干脆要做个印度风味的，于是借鉴印度菜做法用咖喱烹制时令蔬菜，这道菜就这样诞生了，味道还不错哦！

印度菜香料是很重要的，可是发现有很多香料家里都没有。突然间想到何不用咖喱来增添味道？记得印度有句话说的是好的咖喱能吃出五十多种味道。再者说咖喱本身就是复合香料，用起来更方便。

1. 各种蔬菜改刀。

2. 底油炒香咖喱粉，倒入热水、椰汁，下土豆煮至半熟。放入秋葵、盐、味精炖熟，收汁。放入青红椒稍微翻几下，出锅。

文化絮语

提到咖喱，自然而然就想到了印度菜，毕竟咖喱源自于印度。咖喱，音译而来，源于泰米尔文，意思就是调料。

由于咖喱的辛辣与香味正好有助于遮掩羊肉的腥臊，所以发明了咖喱。咖喱是多种香料的结晶，因为羊肉味道太膻，单一香料无法掩盖，所以就用多种干香料粉末组合而成的浓汁来烹调，这就是咖喱的来源。

小贴士

椰汁的多少根据自己的口味调整，喜欢吃辣一点的就少放，喜欢柔和点的就多放。

绿薄荷羊肉——印度特色料理

主　料：羊肉
辅　料：干葱、土豆
调味料：绿咖喱膏、薄荷叶、椰浆/椰粉、盐、黑胡椒粉

这是日本美食电视剧《孤独的美食家》第三季中出现的料理。当时看到剧中人物在吃一道叫薄荷羊肉的菜，很好奇。不过听听剧中人物说的，再看看菜的样子，感觉自己能够做出来。这是一道印度菜，凭借其做各国料理的经验，做这个并不难，材料也很常见，下面就给大家露一手。

1. 蔬菜改刀，羊肉切小块泡净血水，薄荷分成叶和杆，洗净泡水。

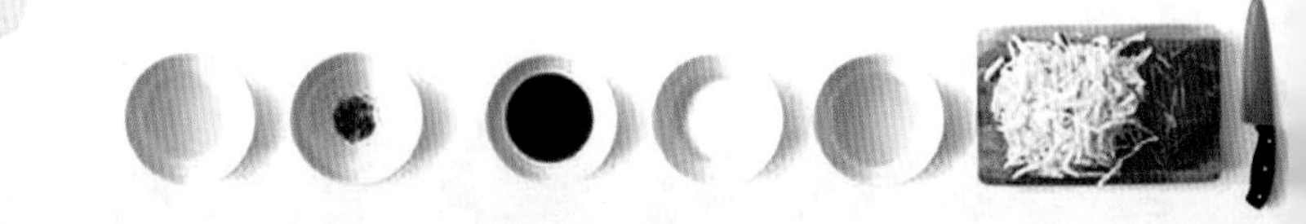

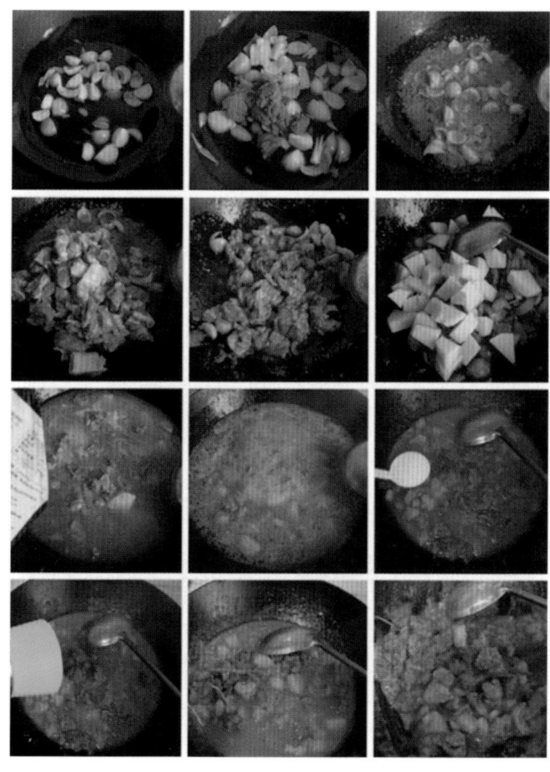

2. 用底油炒香干葱，加绿咖喱膏炒香，放入羊肉炒变色加土豆、热水、椰粉，开后去沫，转中小火炖烂。加盐、黑胡椒粉调味，放入薄荷杆收浓汤汁。

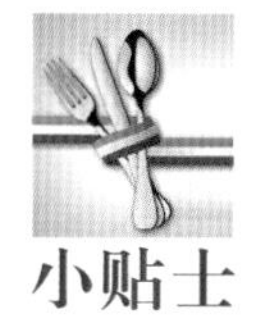

小贴士

在印度吃咖喱一般都配米饭或者薄饼，不过对中国人来说还是就米饭吃似乎更顺口一些，这个根据您的喜好来就行。

文化絮语

印度美食可谓独具特色，令世界上很多去到那里的游客都无法理解，更不要说适应了。有人说，如果外国人想来印度生活，必须要闯过“两道关”：一是天气，印度的夏天酷热难耐；二是饮食，必须能吃得下印度饭。别看印度天气那么炎热，但当地人却偏爱辛辣食物，真是让人搞不懂。

印度人尤其爱用咖喱，绝大部分菜肴都会用上，如果吃不惯咖喱味道的人最好还是别去了，至少长住是没戏了。

在夏天，浓烈辛辣的咖喱味让人受不了，即便是印度人也要备上一杯冰水消火。这种感觉，就像三伏天吃四川火锅一样。

芝士焗红虾——阿根廷风味大餐

主　料：阿根廷红虾

辅　料：洋葱、培根、马苏里拉奶酪

调味料：黄油、盐、胡椒粉、白葡萄酒、意大利复合香草、柠檬、蒜

前几年我才喜欢上吃虾，一次能吃下一小盆白灼海虾，但无奈我肠胃不好，一次吃完后便犯了急性肠炎，上吐下泻，好生遭罪。此后我再吃虾和海鲜的时候就会特别注意食量，不能吃多，就怕闹肚子。

说回正题，前段时间婆婆来的时候给买了些阿根廷红虾，今天突然想起来了，决定做一道阿根廷很有名的芝士焗大虾。

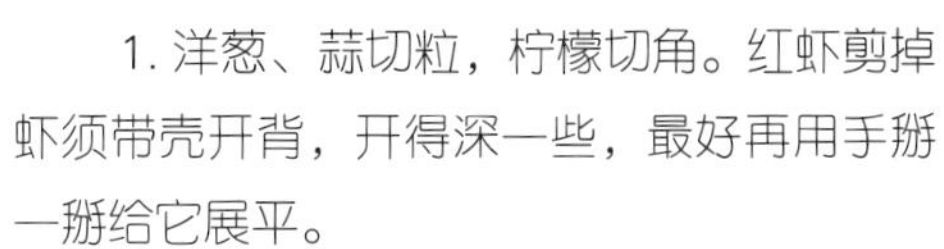

1. 洋葱、蒜切粒，柠檬切角。红虾剪掉虾须带壳开背，开得深一些，最好再用手掰一掰给它展平。

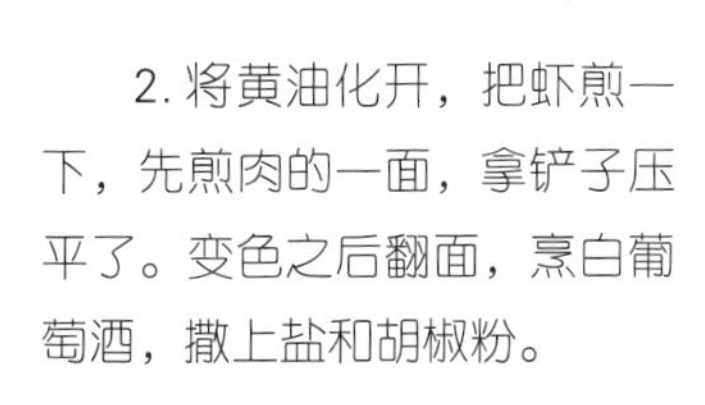

2. 将黄油化开，把虾煎一下，先煎肉的一面，拿铲子压平了。变色之后翻面，烹白葡萄酒，撒上盐和胡椒粉。

3. 黄油炒香洋葱、蒜、培根碎，加盐、胡椒粉、意大利香草炒匀关火。

4. 把虾摆在盘子里，在肉上放炒好的馅料，撒上马苏，烤化。

健康碎碎念

由于阿根廷红虾生长在深海，纯净无污染，营养丰富，口感鲜嫩。虽然由于运输问题，致使新鲜度有所下降，但是只要保持在零下20摄氏度以下，其营养成分是不会流失的。阿根廷红虾具有很高的食疗价值，富含蛋白质及多种营养物质，肉质细嫩软滑、鲜香味美，有助于增强人体免疫力。

小贴士

柠檬是作为最后的调味摆在盘子里就行，吃的时候挤上点柠檬汁，不挤也没关系，这全看个人口味。

文化絮语

阿根廷属于移民国家，85%以上的居民由意大利和西班牙后裔组成，所以它的饮食文化也搀杂了欧陆式西餐的成分，饮食方面比较注重菜肴的鲜嫩，不吃咸，喜欢辣口。阿根廷烧烤是最有名的，肉食以牛、鸡、驴、鱼、蟹、虾为主，很少吃猪肉，主食以米、面为主，偏爱吃炒面。而当地人尤其喜欢喝马黛茶，这是阿根廷的“国茶”，在当地语言中“马黛茶”就是“仙草”“天赐神茶”的意思。

这道芝士焗红虾选取阿根廷南部海域野生的虾子，颜色呈红色，营养丰富，属于野生深海虾。与国内的一些虾比起来，无论是外观还是肉质方面，都更胜一筹。

黑胡椒蟹 —— 新加坡知名小吃

主　料：梭子蟹（其他海蟹也可以）
辅　料：洋葱、青红辣椒
调味料：黄油、黑胡椒粒、味精、糖、鸡味浓汤宝、蚝油

初见这道菜时以为是大餐，谁知在新加坡巴刹（大排档）遍地可见，原来这是一道新加坡著名的小吃。其口味咸鲜辛辣，蟹肉鲜美，酱汁浓郁，具备了新加坡菜典型的口味浓郁的风格。

这是一道创新菜，可以炒，也可以烤。印度黑胡椒、马来小辣椒与西式牛油混在一起，创造出一种奇特的香味，味道很“冲”，香味扑鼻而来，闻起来便食欲大增。

国人吃惯了平时的清蒸和辣炒，这次可以来点不一样的，况且新加坡的华人也很多，菜肴的口味上还是蛮适合咱们国人的味蕾，相信大多数人都会喜欢。

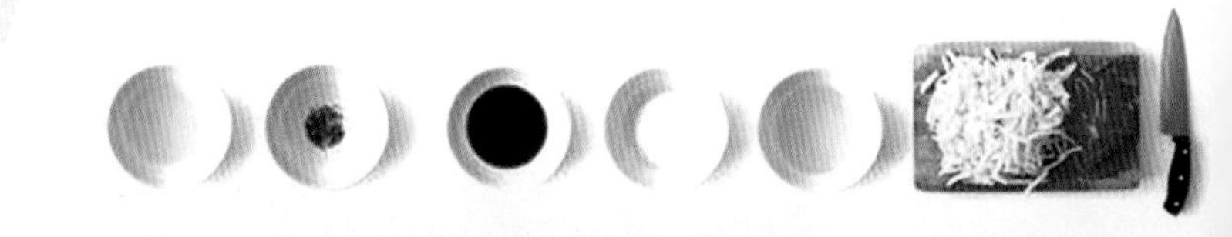

1. 洋葱、青红椒切粒，浓汤宝取少量加水化开。黑胡椒粒取一小碟，用黄油炒香，倒入研磨机中打碎。

3. 黄油化开，放入洋葱粒、青红椒粒炒香，倒入打好的黑胡椒碎、蚝油炒香。放入蟹块炒至微微泛红，把

蟹盖放入锅中，加糖、味精、化好的浓汤，盖盖焖5分钟，收汁。把蟹 块码入盘中，浇上汤汁，再把蟹盖盖在上面。

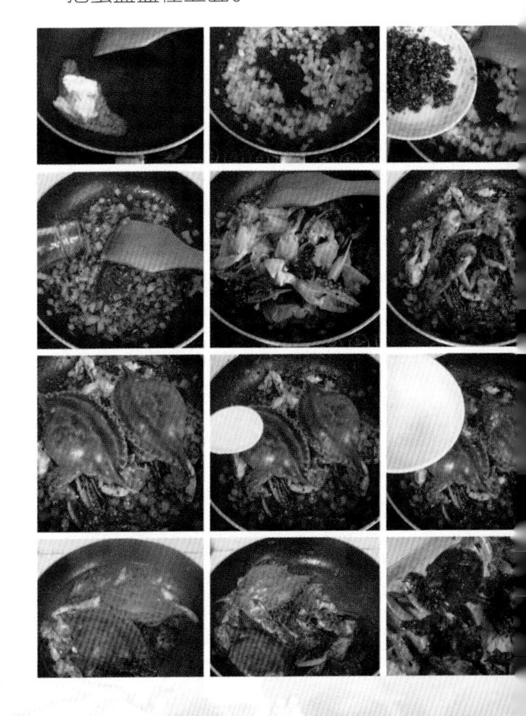

2. 梭子蟹洗净，揭下蟹盖。去掉腮、心脏，把嘴掰掉，洗净。对开两半，再每一半切两刀，共斩成6块，备用。

健康碎碎念

螃蟹味道鲜美，营养价值丰富，能够起到很好的滋补作用。常吃螃蟹有助于结核病的康复。此外，螃蟹还有清热解毒、补骨添髓、养筋接骨等功效，对于风湿性关节炎也有一定疗效。不过，螃蟹虽美，但不适于脾胃虚寒、风寒感冒未愈者食用。另外，吃螃蟹时的禁忌很多，比如不能与红薯、橙子、蜂蜜、南瓜、梨、石榴、西红柿、香瓜、花生、芹菜、柿子、兔肉等同食；吃螃蟹不能喝凉的，否则很容易导致腹泻。

小贴士

如果您不是很能吃胡椒那股子窜味儿可以少放点，其实放多了吃着很过瘾。黑胡椒的好处就是够劲但并不伤胃，所以多吃点也无妨。另外最好是用黑胡椒粒，别用黑胡椒粉或黑胡椒碎，炒完了再打碎香味儿才是最浓的。

文化絮语

新加坡美食也是十分出名的，在亚洲颇具影响力，在世界美食版图上，也受到越来越多的“吃货”称道。新加坡是一个多元化的移民国家，所以美食也非常多元化，不但有中国、马来西亚、印度三大民族各自的特色风味，还兼具日本、法国、意大利、西班牙等其他各国的美食佳肴，绝对算是美食者的天堂。

来新加坡旅行，无论你是不是一个吃货，美食都是最大的乐趣之一，在这里你可以品尝到很多国家的特色美食。可以说去到那里，你就能吃遍亚洲风味。当然，一定不能忽视土生土长的新加坡当地菜，这是由长住马来西亚、新加坡的华侨将中国菜与东南亚菜式风味混合而创新出来的菜式，人们称为娘惹菜。

一些马来西亚原驻民认为“娘惹菜”见证了马来人与华人的联姻喜庆，代表了浪漫丰富的娘惹美食特色。

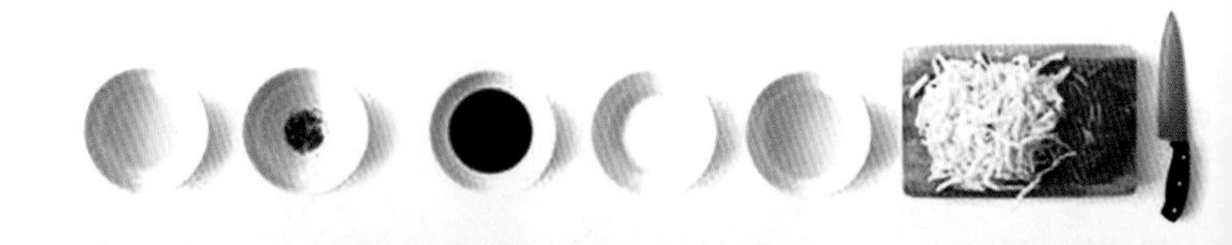

金枪鱼时蔬色拉 ——最爽口的开胃菜

材料：油浸金枪鱼罐头、苦菊、生菜、黄瓜、盐

这是西餐中色拉的一种做法，色拉其实就是人家外国的凉菜，不一定非要放什么沙拉酱，欧洲那边很多地方都用橄榄油的，吃着很健康。但是因为已经放了鱼油就不放橄榄油了，油太多总不是好事，再说生的蔬菜不吸油，罐头里的那点油足够了。时蔬色拉就是选用当季的新鲜蔬菜，我挑的都是可以直接生吃的，您要是喜欢也可以放点别的，没什么规定一定要用哪个不用哪个。

做法：蔬菜洗净掰成小段，黄瓜削成薄片。倒入罐头中的鱼油，加盐拌匀，装入碗中放上鱼肉，吃的时候拌匀即可。

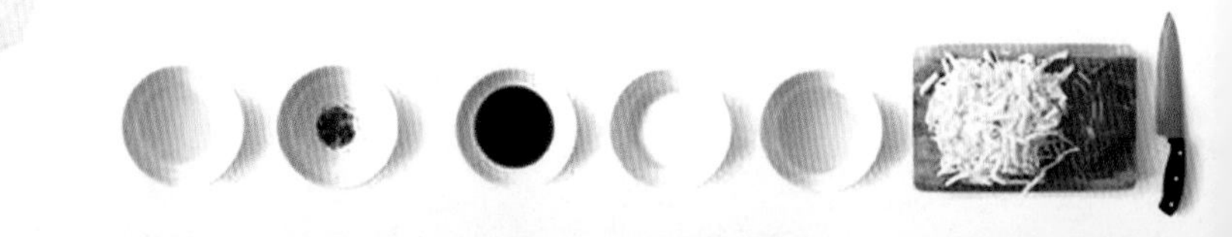

健康碎碎念

相对于快餐，沙拉绝对算是西方饮食中营养价值较高的食品。美国相关机构曾针对成年人做过调查，大量吃沙拉或生蔬菜的人血液中一些重要营养的含量较高。只是由于沙拉含油量较大，应该选择低盐、低脂肪的沙拉。就这道菜来说，又有鱼肉，又有蔬菜，具备很高的营养价值。

小贴士

沙拉虽然美味，但是热量很高，不宜贪嘴哦。

文化絮语

色拉系音译，即“Salad”，又译作沙拉、沙律。最常见的沙拉主要分为水果沙拉、蔬菜沙拉及其他沙拉。起源于西方，据说在20世纪初的美国小城塞勒姆市，一名咖啡馆老板调制出一种沙拉酱，并以其名字命名。

不过，这款沙拉酱并没有火起来，直到1931年卡夫将配方买走，并在此基础上推出了奇妙沙拉酱。两年之后的芝加哥世界博览会，卡夫成功将奇妙沙拉酱推广从而一炮走红，从此成为全世界风靡不衰的经典美食。而卡夫以及奇妙沙拉酱从此被载入了历史，小城塞勒姆也因此闻名于世。如今，在超市随处可见卡夫奇妙沙拉酱。

柠汁鸡排 —— 女人最爱的盛夏美食

食材：鸡胸肉、盐、柠檬汁、淀粉、橄榄油 / 黄油、糖

这是一道很简单的西餐，非常适合在夏天食用，清爽而不油腻，而且操作简便。之所以说是女人最爱，原因有二：因为柠檬，因为鸡排。

这道盛夏美食有多可口，您自己试着做做就知道了。

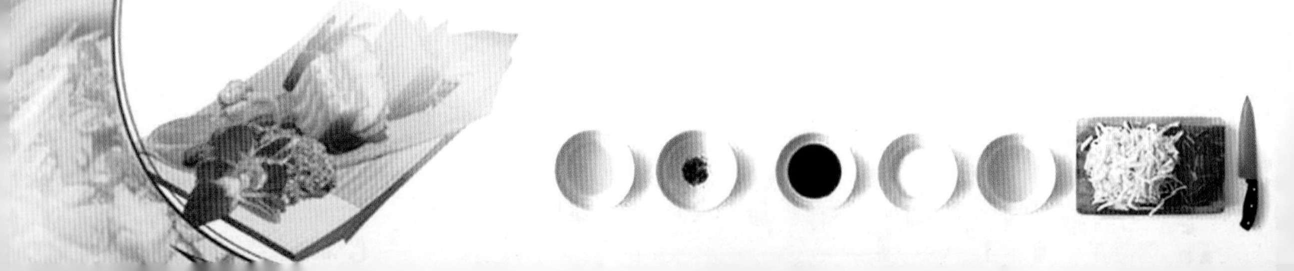

1. 鸡胸肉洗净，在一面打十字花道，再用刀背砸几下。

3. 用黄油/橄榄油煎熟，切条后码入盘中。

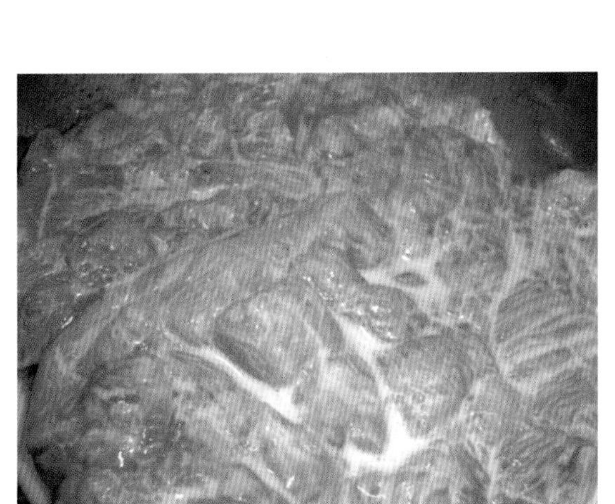

2. 放入少量的盐、柠檬汁抓匀，再加少量水、淀粉抓匀。

4. 柠檬汁加糖煮开，加水淀粉调成糊状，浇到鸡排上即可。

健康碎碎念

鸡肉的营养价值与功效不多说了，好好介绍一下女人们最爱的柠檬。柠檬含有丰富的维生素C，而且有助于减肥，我猜这也是女人们最关心的。常喝柠檬水，不需要饿着自己就能减肥，因为柠檬水不仅解渴还能降低食欲。

柠檬鸡片的组合因为其热量低，是减肥食谱中最常见的一道，既美味又营养。此外，维生素C还具有美白作用，可谓是天然护肤品。除此之外，柠檬还能洁肤、淡斑、防止肌肤衰老、抗疲劳以及消暑开胃。集这么多优点于一身，也就不难想象为什么它是女人的最爱了。

文化絮语

柠檬是女人的最爱，因为它不仅好吃还能美容，酸酸甜甜的，可以说是女人最喜欢的水果之一。当盛夏到来，人们的食欲大减，谁还有心情进入油腻的厨房炒菜？而这道柠汁鸡排清爽酸甜的口味正符合女人挑剔的味蕾，给盛夏时节的女人们送上一丝清凉，同时还能解馋。

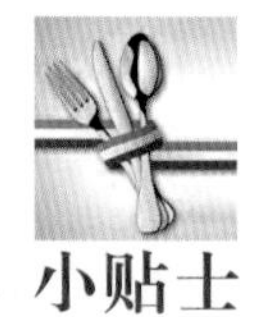

小贴士

柠檬汁可用鲜的也可用浓缩的那种；煎鸡排的油也可用色拉油代替，注意不要选用花生油、黄豆油等有特殊味道的食用油。